U0942068

合伙人法则

互联网时代的互惠互利之道

谢　普◎编著

华龄出版社
HUALING PRESS

责任编辑： 高志红
责任印制： 李未圻

图书在版编目（CIP）数据

合伙人法则：互联网时代的互惠互利之道 / 谢普编著. -- 北京：华龄出版社，2020.12

ISBN 978-7-5169-1819-7

Ⅰ. ①合… Ⅱ. ①谢… Ⅲ. ①成功心理—通俗读物 Ⅳ. ① B848.4-49

中国版本图书馆 CIP 数据核字（2020）第 268354 号

书　　名： 合伙人法则：互联网时代的互惠互利之道
作　　者： 谢　普　编著

出版发行： 华龄出版社
地　　址： 北京市东城区安定门外大街甲 57 号　**邮　　编：** 100011
电　　话： 010-58122246　**传　　真：** 010-84049572
网　　址： http://www.hualingpress.com

印　　刷： 三河市元兴印务有限公司
版　　次： 2021 年 4 月第 1 版　2021 年 4 月第 1 次印刷
开　　本： 710mm × 1000mm　1/16　**印　　张：** 16
字　　数： 250 千字
定　　价： 39.80 元

目　录

Contents

法则1　人生的冷暖取决于心灵的温度

法则2　微表情洞察人心的秘密

法则3 微反应传达真实的信息

法则4 小习惯成就大的未来

法则5 相对的优势是运营成功的关键

法则6 智者创造机会，强者把握机会

法则7 正赢的最高境界

法则8 借助外力实现最大的利益

法则9 攻心为上，打好感情牌

法则10　搞懂心理逻辑，你说什么都对

法则11　朋友圈也有两面人，要懂得识别

法则12　朋友圈也有风险，不可掉以轻心

法则13 朋友圈也有竞争，学会做精明的傻瓜

法则 1

人生的冷暖取决于心灵的温度

成功需要时间的积累

香港“景泰蓝大王”陈玉书曾言及他创业初期在一公园漫步时，偶尔碰见一女士和她的孩子在玩荡秋千。由于此女士身单力薄，玩得十分吃力。于是陈先生主动上前帮忙，使她们玩得很开心。临走时此女士留给陈先生一张名片，说以后若需帮忙可以找她。原来此女士竟是某国大使夫人。后来陈先生通过此女士得到了一张运往香港货物的签发证，从中赚了一大笔钱，由此成为他到香港创业的一个起点。

这个小故事不过是生活中的一面之交，只因陈玉书在人脉关系网中播下与人为善的种子，而他收获的是事业上的回报。

很多人只知道比尔·盖茨今天成为世界首富的原因，是因为他掌握了世界知识经济发展的大趋势，还有他在电脑科技上超人的智慧和执着。其实比尔·盖茨之所以成功，除这些原因之外，还有一个关键的因素，就是比尔·盖茨的人脉资源相当丰富。

比尔·盖茨创立微软公司的时候，还是一个年轻的大学生，但是在他 20 岁的时候，签到了一份大单。这份合约是跟当时世界第一强电脑公司——IBM 签的。

当时，他还是一名在大学读书的学生，没有太多的人脉资源。他怎能钓到这么大的“鲸鱼”？可能很多人不知道，原来，比尔·盖茨之所以可以签到这份合约，是因为他有一个中介人——比尔·盖茨的母亲。比尔·盖茨的母亲曾是 IBM 的董事会董事，妈妈介绍儿子认识董事长，这不是理所当然的事情吗？假如当初比尔·盖茨没有签到 IBM 公司的这份大单，相信他成为世界首富的路会更为艰难与曲折。

有这样一个故事，一次，著名魔术大师豪华·哲斯顿在百老汇上台演出后，《创富学》的作者希尔在他的化妆室里不停地向他请教成功的秘诀。因为40多年来哲斯顿——这位被公认为世界最著名的魔术大师，曾到世界各地一再地创造了精湛的幻象技巧，迷倒了成千上万的观众，使大家大饱眼福，甚至惊讶得喘不过气来。多年来先后有6000万人买票去看过他的表演，而他也赚到了200多万美元的利润。当希尔请哲斯顿先生谈一谈他成功的秘诀时，哲斯顿的回答令人吃惊，他的成功与上学读书没有多大的关系，因为他很小的时候就离家出走，成为一名流浪者，搭货车、睡谷堆、沿门求乞，他是靠坐在货车厢中向外看着铁路沿线上车站的标志而这会认识些字的。那么，他对魔术知识的掌握是否远远胜过别人？答案出乎意料，他告诉希尔，关于魔术手法技巧的书已经有好几百本，而且有许多魔术师跟他懂得一样多。但他深信有一样东西，其他人却没有。那就是，哲斯顿不仅对魔术怀有极大的热情和深厚的感情，而且对他的观众非常真诚。

他宣称，他每一次在走上台时，总是一遍遍地对自己说：“我爱我的观众，我爱我的观众。”希尔听完后总结说，哲斯顿的成功秘方就是如此简单，那就是富有爱心，很多观众甚至成为他的朋友，这就是一位有史以来最著名的魔术师成功的秘籍。

原来，哲斯顿用心浇灌了他的人脉大树，因此他收获了累累硕果！

运气有时也是很重要的一种实力

人脉的力量是巨大的。“大”在何处？任何一个人，不管他实力有多强，如果在他的人生道路上，没有周围人的帮助，要想办成一件事会比登天还难。

美国著名杂志《人际》在 2002 年发刊词中有这样一段话：“如果不信，你可以回忆以往的一些经验，就会发现原本你以为是自己独立完成的事，事实上背后都有别人的帮助。因此，在社交场合你应该尽量表露真正的自我与自己真正的才华，它们将会给你许多有用的建议。绝不可低估人脉的力量，否则将白白失去许多有利的帮助之力。”

如果你希望自己在成功的路上快马扬鞭，就必须拥有良好的人脉。实际上，所谓的“走运”多半是由畅通的人脉展开的。一个能认同你的做法、想法与你的才华的人，一定会在将来的某一天为你带来好运。

究竟谁会对你伸出援助之手，哪里会有这种人呢？这个问题没有人能够回答。只能这么说：任何人都有可能成为对你施予援手的友人，他可能是你工作上的伙伴或上司，可能是学校里的同学，甚至有可能是一位从不曾相识的陌生人。但一般来说，人脉的范围愈广，则开创成功未来的概率愈大。

就人脉这方面来看，机会往往是从你意想不到的地方出现的，譬如你的顾客、同事，或朋友的朋友等等。

有一个关于维克多连锁店的故事。

维克多是从父亲的手中接过这家食品店的，这是一家古老的食品店，很早以前就在镇上很出名了。维克多希望它在自己的手中能够发展得更加壮大。

一天晚上，维克多在店里收拾货物清点账款，第二天他将和妻子一起去度假。他打算早早地关上店门，以便为外出度假做准备。突然，他看到店门外站着一个面黄肌瘦的年轻人，他衣服褴褛、双眼深陷，一看就知道是一个典型的流浪汉。

维克多是个热心肠的人。他走了出去，对那个年轻人说道："小伙子，有什么需要帮忙的吗？"

年轻人略带点腼腆地问道："这里是维克多食品店吗？"他说话时带着浓重的墨西哥味。"是的。"维克多回答道。

年轻人更加腼腆了，低着头，小声地说道："我是从墨西哥来找工作的，可是整整两个月了，我仍然没有找到一份合适的工作。我父亲年轻时也来过美国，他告诉我他在你的店里买过东西，喏，就是这顶帽子。"

维克多看见小伙子的头上果然戴着一顶十分破旧的帽子，那个被污渍弄得模模糊糊的"V"字形符号正是他店里的标记。"我现在没有钱回家了，也好久没有吃过一顿饱餐了。我想……"年轻人继续说道。

维克多知道了眼前站着的人只不过是多年前一个顾客的儿子，但是，他觉得自己应该帮助这个小伙子。于是，他把小伙子请进了店内，好好地让他饱餐了一顿，并且还给了他一笔路费，让他回国。

不久，维克多便将此事淡忘了。过了十几年，维克多的食品店越来越兴旺，在美国开了许多家分店，他于是决定向海外扩展，可是由于他在海外没有根基，要想从头发展也是很困难的。为此维克多一直犹豫不决。

正在这时，他突然收到一位陌生人从墨西哥寄来的一封信，原来写信人正是多年前他曾经帮助过的那个流浪青年。

此时那个年轻人已经成了墨西哥一家大公司的总经理，他在信中邀请维克多来墨西哥发展，与他共创事业。这对于维克多来说真是喜出望外，有了那位年轻人的帮助，维克多很快在墨西哥建立了他的连锁店，而且经营发展得异常迅速。

很多人把维克多的发迹简单地归功于"运气"好，这似乎也无可厚非。但我却更愿意将维克多连锁店的发展归功于"人脉"——毕竟，他的运气是人给予的。

开发人脉资源

朋友圈为人们提供了这样的可能：即让你结识他人，也让他人认识你，当彼此间的品行、才干、信息得以相互了解的时候，这种交往就可能结出两个甜美的果实，密切彼此的友谊和获得发展的机遇。交际活动是机遇的催产术。善于开发人脉资源，捕捉机遇，成功的彼岸离我们就更近了！

京城“火花”收藏家吕春穆就是很好的例子。他原是北京一所小学的美术教师。一天他在杂志上看到一位教师利用收集到的火柴商标，来激发学生们的学习兴趣和创作灵感的报道，他决定收集火花。于是，他展开了广泛的交际活动。他油印了 200 多封言辞中肯、情真意切的短信发到各地火柴厂家，不久就收到六七十个火柴厂的回信，并有了几百枚各式各样的精美的火花。

此后，他主动走出去以“花”为媒，以“花”会友。一次，他结识了在某知名新闻社工作的一位“花友”。这位热心的花友一次就送给他 20 多套火花。还给他提供信息，建议他向江苏常州一位“花友”索购一本“花友”们自编的《火花爱好者通讯录》，由此他欣喜地结识了国内 100 多位未曾谋面的花友。他与各地“花友”交换藏品，互通有无；他利用寒暑假，遍访各地藏花已久的“花友”，还通过各种途径与海外的火花爱好者建立起联系。就这样，在广泛交往中他得到了无穷无尽的乐趣和享受，也为他的成功创造了机会。

吕春穆先后在报刊上发表了几十篇有关火花知识的文章，还成为《北京晚报》“谐趣园”栏目的撰稿人。他的火花藏品得到了国际火花收藏界的承认，并跻身于国际性的火花收藏组织的行列。1991 年，他的几百枚火花精品参加了在广州举办的“中华百绝博览会”……他以 14 年的收藏历史和 20 万枚的火花藏品，被誉为“火花大王”而名噪京城，独领风骚。

很显然，吕春穆的成功得益于广泛真诚的交际。他以“花”为媒，结识朋友，再通过他们认识更多的朋友，一直把关系建立到世界各地，从而，机会一次次降临，使他走向了成功。事实再一次证明，人们的机遇的多少与其交际能力和交际活动范围的大小几乎是成正比的。因此，我们应把开展人脉活动与捕捉机遇联系起来，充分发挥自己的交际能力，不断扩大自己的人脉关系网，发现和抓住难得的发展机遇，进而拥抱成功！

财源靠朋友圈积累

1970 年，25 岁的美国小伙子特普曼来到丹佛市，在第 2 大道的一套小公寓里，开始了他的创业生涯。

刚到丹佛，特普曼就徒步走遍了这个城市的每一个角落，了解、评估每一块好的房地产的价值，计划想在这个城市发展他的房地产事业。为此，他常常去看一些土地和楼盘，就像是这些土地的主人。

初来乍到时，人们不认识特普曼。因此他必需计划好为自己的房地产事业铺平道路的每一个步骤。他要做的第一件事就是尽快加入该市的“快乐俱乐部”，去结识那些出入该俱乐部的社会名流和百万富翁。对特普曼这样一个无名小辈来说，要想进这样高档的俱乐部，实在不很容易，但特普曼还是决心去大胆尝试一番。

特普曼第一次打电话给“快乐俱乐部”，刚说完自己的姓名，电话随着一声斥责就被对方挂了。特普曼仍不死心，又打了两次，结果仍遭到对方的嘲弄和拒绝。

“这样坚持下去，将会毫无结果。”特普曼望着电话机喃喃自语，突然，他心生一计，又拿起了电话。这次他声称将有东西给俱乐部董事长。对方以为他来头不小，连忙将董事长的电话号码和姓名告诉了他。

特普曼得意地笑了，他立即打电话给“快乐俱乐部”董事长，告诉他想加入俱乐部的要求。董事长没说同意也没说不同意，却让特普曼来陪他喝酒聊天。特普曼自然满口答应了。

通过喝酒聊天，特普曼逐渐与这位董事长建立了良好的关系。几个月后，在董事长的特殊关照下，他如愿以偿，成为了“快乐俱乐部”中的一员。

在俱乐部中，特普曼结识了许多富商巨贾，建立了良好的关系网。

1972 年，丹佛市的房地产产业陷入萧条时，大量的坏消息使这座城市的房地产开发商们严重受挫，丹佛人都在为这个城市的命运担心。然而在特普曼看来，丹佛城的困境对他来说无疑是天赐良机，从前那些对他来说是可望而不可即的好地皮，现在可以以较低的价格任意挑选收购了。

就在这时，特普曼从朋友处得到一个消息：丹佛市中央铁路公司委托维克多・米尔莉出售西岸河滨 50 号、40 号废弃的铁路站场。

特普曼凭着自己敏锐的眼光和经验判断出：房地产萧条是暂时性的，赚大钱的好机会终于降临了。为此，他把自己所拥有的几个小公司合并起来，改称为“特普曼集团”，使他更具实力。

第二天一早，特普曼便打电话给米尔莉，表示愿意买下这些铁路站场，并约定了在米尔莉的办公室商谈这笔买卖。

风度翩翩、年轻精干的特普曼给米尔莉留下极好的印象。他们很快便达成协议：“特普曼集团”以 200 万美元的价格购买了西岸河滨的那两块地皮。不久，房地产升温，特普曼手中的两块地皮涨到了 700 万美元。他见价格可观，便将地皮脱手了。

经过许多人的帮助以及自己的努力，特普曼终于挖到了来到丹佛市的第一桶金——500 万美元。这是他闯荡丹佛的第一笔大买卖，也是他第一次独立做成的房地产生意。此后，他开始了在美国辉煌的经商生涯。

情报的“提供者”

在这个信息发达的时代，拥有无限发达的信息，就拥有无限发展的可能性。信息来自你的情报站，情报站就是你的人脉关系网，你的人脉有多广，情报就有多广，这是你事业无限发展的平台。

商场上称信息为“情报”。一个生意人怎样获得工作上必需的情报呢？我们所知的最有效的方法是：①经常看报；②与人建立良好关系；③养成读书习惯。其中，生意人最重要的情报来源是“人”。对他们来说，“人的情报”无疑比“铅字情报”重要得多。越是一流的经营人才，越重视这种“人的情报”，就越能为自己的发展带来更多的方便。

日本三洋电器的总裁龟山太一郎就是很好的例子。他被同行誉为“情报人”，对于情报的收集别有一番心得，最有趣的是他自创一格的“情报槽”理论。他说：“一般汇集情报，有人和事物两个来源。我主张多从他人那里获得一些情报。如此一来，资料建档之后随时可以灵活运用，对方也随时会有反应，就好像把活鱼放回鱼槽一样。把情报养在情报槽里，它才能随时吸收到足够的营养。”

把人的情报比喻成鱼非常有趣。一位有名的评论家也说：“我每一次访问都像烧一条鱼一样，什么样的鱼可以在什么市场买到，应该怎么烹调最好，我得先弄清楚。”对于生意人来说，如何从他人那里得到情报及处理情报，这样的工作，其实有时和记者的工作是一样的。许多记者都知道，在没有新闻时，设法找个话题和人聊聊，就能捕捉到许多新闻线索。生意人也是这样，当你没有办法随时外出时，那就利用电话来跟朋友们讨教吧！

日本前外相宫泽喜一有个著名的“电话智囊团”。宫泽在碰到记者穷问不舍时，往往要求给他一个小时的考虑时间。如果碰巧在夜里，则只要一通电话就可以得到满意的答复，这些答复来自他的10名智囊团成员。这也就是我们所谓的“人的情报”。

现代信息科技社会，靠一个人思考的时代已经过去了，建立品质优良的人脉关系网为你提供多种情报，成了决定工作成败的关键。

环绕在我们四周的多半是一些泛泛之交的朋友，和他们的一般交往虽然愉快，但关系并不牢固。好在我们每个人都会有一些关系密切的挚友，我们从中很容易总结出结交挚友的过程，总不外乎是因为某种缘分与别人邂逅，相互间产生好感，于是有了更多的交流，随后就进入“熟识”阶段。通常在这个阶段，朋友之间无话不谈，交往中总是感到很愉快。

熟识之后，开始有一种患难与共的意识，彼此间产生友谊。此时我们会期待朋友能对我们有所帮助。这个阶段的友谊，联系比较紧密，彼此间也容易产生超过利害关系的亲密感。说得更具体一点，交往的本质其实也就是互相启发和互相学习。彼此从不断的了解和磨合中逐渐改变逐渐成长，建立起稳固而深厚的友情。在我们的工作和生活中，可以作为智囊的朋友，大抵可分为以下三类：

第一类朋友提供给我们有关工作情报和意见，称为“情报提供者”。这种人大都从事记者、杂志和书刊的编辑、广告和公关工作，他们信息来源及时广泛即使你不频频请教打扰，对方也会经常提供一些宝贵的意见，像上述的“电话智囊”就是这一类。

第二类朋友提供给我们有关工作方式和生活态度的意见，称为“顾问”。这种人多半是专家学者，甚至是本行内的权威人士，我们可以把他们视为前辈或师长。

第三类朋友则与工作无直接关系，称为“游伴”。原则上不是同行，通常是我们在参加各种研讨会、同乡会和各种社团时认识的朋友，有些还是“酒友”。他们不但可以成为我们掌握各行各业知识信息情报的“提供者”，有时甚至可以成为我们的知心朋友或“监护人”。

圈子范围的广泛

人脉越宽，路子越宽，事情就越好办。几千年来，这已经被无数的经验和教训所验证。一个成功的人士，往往能带动和影响他身边的一批人，他也善于理解和接受他们，使自己与他们之间的关系更融洽。良好的人脉是成就大事者最重要的因素，也是必备的条件之一。

当我们办事不顺或者四处碰壁的时候，你一定经常会想到，“如果我有更多的朋友和关系，一定可以更加顺利地完成这件工作。”因为，只要我们和朋友中的有关人物有所联系，一旦有事情想要去拜托他或是与其商量讨论时，总是能够得到很好的回应。

这种时刻能与朋友中的关键人物取得联系的有利条件，就是“人脉力量”。事实上，人脉关系网越宽广，做起事来就越方便。可见，善于搭建丰富有效的人脉关系网，是我们到达成功彼岸的重要因素。

查尔斯·华特尔就职于纽约市一家大银行，一次他奉命写一篇有关某公司的调查报告。他知道某个人拥有他非常需要的资料。于是，华特尔先生去见那个人，他是一家大工业公司的董事长。当华特尔先生被迎进董事长的办公室时，一个年轻的女秘书从门边探进头来告诉董事长，她这几天没有什么邮票可以给他。

“我在为我那 12 岁的儿子搜集邮票。”董事长对华特尔解释道。

华特尔先生说明他的来意，开始提出问题。董事长的回答很含糊、概括、模棱两可，可以说华特尔没有得到什么有效的信息。这位董事长根本就不想把心里的话说出来，无论怎样试探都没有结果。这次见面的时间很短，华特尔没有得出任何有价值的资料。

“坦白说，我当时真不知道怎么办，”华特尔先生说，“这时，我想起他的女秘书对他说的话——邮票，12 岁的儿子……我想起我们银行的外事部门可以搜集到邮票的事——他们那里可得到从世界各地的信件上取下来的邮票。”

“第二天早上，我再去找他，并请女秘书传话进去，我带了一些邮票要送给他的孩子。很快我就被很热情地请了进去。董事长满脸带着笑意，十分客气。‘我的乔治将会喜欢这些，’他不停地说，一面抚弄着那些邮票，‘瞧这张！这是一张无价之宝。’”

“我们花了一个小时谈论邮票，还让我看他儿子的照片，然后他又花了一个多小时，详细地告诉我想要知道的全部资料——我甚至都没提议他那么做，然后，他又叫下属进来，问他们一些问题。他还打电话给他的一些同行，告诉我一些事实、数字、报告和信息。用一位新闻记者的话来说，这次我大有所获，满载而归。”

事情就是这样，当你无法与关键人物建立关系时，事情往往很难取得进展；可一旦你与他建立了良好的人脉关系网，事情就好办多了。

无论成功与否，都靠朋友圈

有些人很有才华和能力，却总得不到提拔和发展，其重要原因是缺乏一个有能力的朋友圈。“水能载舟，亦能覆舟。”人脉的“水”决定了你事业的“舟”能走多远。

在美国，职场中流行一句话：“智商（IQ）决定录用，情商（EQ）决定提升”。曾有人向 2000 多位雇主做过一个问卷调查，“请查阅贵公司最近解雇的三名员工的资料，然后回答：解雇的理由是什么”。结果是无论什么地区或什么行业的雇主，70% 的答复都是：“他们是因为与别人相处不好而被解雇的。”

很多成就大事业的商界人士都意识到了人际关系对一个人成功的重要性。曾任美国某大铁路公司的总裁的 A. H. 史密斯说：“铁路经营效益的 95% 来自于人，5% 才是铁路。”美国钢铁大王及成功学大师卡耐基，经过长期研究得出的结论是：“专业知识在一个人成功中的作用只占 15%，而其余的 85% 则取决于他的人际关系。”所以说，无论你从事什么职业或专业，学会处理人际关系，你就在成功路上走了 85% 的路程，在个人幸福的路上走了 99% 的路程了。无怪乎美国石油大王约翰·D. 洛克菲勒说：“我愿意付出比得到其他本领更大的代价，去获得与人相处的本领。”

心理学家曾从各个不同的角度作了大量研究，结果都证明：一个人若是懂得人脉关系网的重要性，那么他与人交往就会越积极主动，其人际关系也会越融洽，就越能适应社会，其工作业绩也越大。

杰克·伦敦童年的经历贫穷而不幸。14 岁那年，他借钱买了一条小船，开始偷捕牡蛎。可是，不久之后就被水上巡逻队抓住，被罚去做劳工。杰克·伦敦瞅空子逃了出来，从此便走上了流浪水手的道路。

两年以后，杰克·伦敦随着姐夫一起来到阿拉斯加，加入了淘金者的队伍。在淘金者中，他结识了不少朋友。他这些朋友中三教九流什么人都有，而大多数是美国的劳苦人民，虽然他们的生活贫穷困苦，但是在他们的言行举止中充满了生命的活力。

杰克·伦敦的朋友中有一位叫坎里南的中年人，他来自芝加哥，他的辛酸历史可以写成一部厚厚的书。杰克·伦敦听他的故事时经常潸然泪下，而这更加坚定了杰克·伦敦心中的一个目标：我要写作，写淘金者的生活。

在坎里南的帮助下，杰克·伦敦利用休息的时间看书、学习。1899年，23岁的杰克·伦敦写出了处女作《猎人》，接着又出版了小说集《狼之子》。这些作品都是以淘金工人的辛酸生活为主题的，因此，赢得了广大中下层人士的喜爱，杰克·伦敦渐渐走上了成功的道路，他的著作在全国畅销，也给他带来了巨额的财富。

刚开始的时候，杰克·伦敦并没有忘记与他同甘苦共患难的淘金工人们，正是他们的生活给了他灵感与素材。他经常去看望他的穷朋友们，一起聊天，一起喝酒，回忆以往的岁月。但是后来，杰克·伦敦的钱越来越多，他对于钱也越来越看重。他甚至公开声明他只是为了钱才写作。他开始过起豪华奢侈的生活，而且大肆地挥霍。与此同时，他也渐渐地忘记了那些穷朋友们。

有一次，坎里南来芝加哥看望杰克·伦敦，可杰克·伦敦只是忙于应酬各式各样的聚会、酒宴和修建他的别墅，对坎里南不理不睬，一个星期中坎里南只见了他两面。坎里南头也不回地走了。就这样，杰克·伦敦的淘金朋友们逐渐地从他的身边离开了。

离开了朋友，就断了写作的源泉，杰克·伦敦的情绪沉闷、思维枯竭，他再也写不出一部像样的著作了。1961年11月22日，处于精神和金钱危机中的杰克·伦敦在自己的寓所里用一把左轮手枪结束了自己的生命。

杰克·伦敦可谓“赢也人脉，输也人脉”。他的故事发人深思。

法则 2

微表情洞察人心的秘密

秘密隐藏于微表情中

中国有一句古话“凡事之所以难知者，以其窜端匿迹，立私于公，倚邪于正，而以胜惑人之心者也”，这就导致“事之至难，莫如看破人心”。不难理解，看破人心这样的事情之所以不易了解，是因为有人善于隐藏迹象，把私心掩盖起来而显出为公的样子，把邪恶装饰成正直的样子，去迷乱他人的眼睛，并使他人形成错误的印象。以正直、忠诚、善良的外表作奸恶的掩护，就是这些人的实质难以辨识的原因所在。

俗语说：“人心难测。”人心何以难测？人心是指人的思想，思想是无形的，看不见，摸不着，它隐藏在人的脑海里；且思想又非固定的，是随着客观世界的变化而变化的。所以，要摸透人的思想是不易的，故说人心是难测的。

人们常说，“知人知面不知心”，这恐怕也道出了“人心难测”的道理。有人说不要轻易相信他人，这不是没有道理的。有的人特别是在感情至深时，总是轻信他人。于是，就有：“对待我真诚，我又为何对别人掩饰自己、向人家讲假话。”所以，把心里的秘密全掏出来给人家。然而，你可知道，他“真诚”地在你面前说别人的坏话，他在别人面前又会“真诚”地说你的坏话。因为人都有讨好他人的心理。而且，人总是在变化的。今天你是他的朋友，明天你可能又成了他的对手。是对手，他就可能利用你那些秘密，特别是隐秘的话来攻击你。

所以，他人的假意往往是不可靠的。对此，最好不要轻易相信它。如果失去了这方面的警惕性，轻信了别人的假真诚，则容易上当受骗。尽管如此，人还是不能不与自己周围的人合作共事，还是必须面对你所赖以生存的群体中的每一人。

为此你只能做的就是谨慎对待，用“人心叵测”来警告自己。

知人最难，也有第三个原因，即“人之难知，不在于贤不肖，而在于枉直。”识别人的难处，不在于识别贤和不肖，而在识别虚伪和诚实。人有坏人与好人之分，英雄有真英雄与假英雄及奸雄之分，君子有真君子与伪君子之分。人还可以分为虚伪与诚实；有表面诚实而心藏杀机；有“大智若愚”，表面看上去是愚笨的样子，而内在里却是聪明之人；有“自作聪明”而实际是愚人；有当面是人，背后是鬼的两面派。

知人最难的原因之四在于“材与不材之间，似是而非也”。即指贤才与非贤才之间，似是而非，难以分解。可以说，任贤非难，知贤为难；使能非难，知能为难。正因为任用贤德的人并不太难，了解有贤德的人才真正困难；使用有才能的人并不难，发现有才能的人才真正困难。所以，正因为上述种种原因，难怪人们常说，看破人心，真正地去了解一个人真的很难。

正因为，知人很难，因此我们需要掌握一种能够通过别人的言行和表情来破译他心里密码的本领，以便能使我们自己更好地和别人打交道，也以便能够更科学地鉴别和使用人才。

透过一个小小的表情，我们可以了解一群人的心理特点，举一反三之后，在和别人交往的过程中，我们便可以应付自如，游刃有余地穿梭其中了。

不要让假象思想影响你的判断

人的复杂性并不仅仅是生理构造上表现出的复杂性，更重要的还在于心理上表现出的复杂性。而且这种复杂更具抽象意义和不确定因素。因此，当你不了解某人时，最好不要轻易被他所表现出来的现象左右了你的判断。因为，这种现象很可能是一种假象。尤其是城府较深的人更不会直接表露自己的真实情感。

美国心理学者奥古斯特 · C. 伯伊亚曾经做过这样的实验，让几个人用表情表现愤怒、恐怖、诱惑、漠不关心、幸福、悲哀这六种感情，并用录像机录下来，然后，让人们猜哪种表情表现哪种感情。

结果平均每人只有两种判断是正确的，当表现者做出的是愤怒的表情时，看的人却认为是悲哀的表情。

在商业谈判中，对方笑容可掬地听着你说话，脸上一副似乎要接受的表情，心想谈判可能要成功了。不料他却说“明白了，很好，不过，这次请原谅，我不能要了”等婉言谢绝的话。

这样一来，你像是被从头上泼了一盆冷水似的。当然，这并非想否定“表情是反映人内心的一面镜子”。因为在很多时候，人们纵使情绪很激动，但却会伪装成毫无表情，或者故意装出某种相反的表情，所以如何去探测对方的表情底下所隐藏的真实情绪，那就需要你的观察和思考能力了。

一位推销百科全书的业务员，在这方面很有经验，他说：

“当我把百科全书的样本交给购书商后，在他默默翻阅百科全书的内容时，就是决定成交与否的关键时候。

“这时候，我就会目不转睛地注视他的面容，并且比起坐在对方的面前，我更喜欢坐在他的身旁。因为坐在旁边比较容易看见对方脸上的肌肉变化，大体上在他的脸上就已经有个买与不买的决断了。

“客户虽然会有意不让脸上呈现表情的变化，但也总会出现很有趣的表情，所以，有经验的推销员总是能捕捉到这些细微之处，看穿对方的内心决策，从而采取相应的推销手段和谈判技巧。”

有的人竭力压抑自己的情绪，装出一副毫无表情的面孔。碰到这样的人，许多人都感到十分头痛。其实，没表情并不等于情绪就不外露。因为内心的活动，倘若不呈现在脸部的肌肉上，往往会以其他不自然的方式表现出来。

比如有些职员不满主管的言行，却又敢怒不敢言，只好故意装出一副毫无表情的样子。事实上，不管如何压抑那股愤怒的感情，内心的不满依然很强烈，如果仔细观察他的面孔，会发现他的脸色不对劲。

人们经常把这种木然的面孔称为“死人”似的面孔，也就是说他像死人一样面无表情，神色漠然。

这种“死人”似的面孔本身就是一种不自然的表现。此外，虽然这类人努力使自己的怒不形于色，但倘若内心情绪强度增加的话，他们的眼睛往往就会马上瞪得很大，鼻孔会显出皱纹，或在脸上出现抽筋现象。所以，如果看见对方脸上忽然抽筋，那就表示在他的深层意识里，正陷入激烈的情绪冲突中。

如果碰到这种人，最好不要直接去指责他，或者当场给他难堪。当看到部属脸色苍白、脸部抽筋时，主管最好这样说：“最近是不是心情不好，如果你有什么不快，不妨说出来听听。”以设法安抚部属正在竭力压抑的情绪。

死板的面孔或抽筋的表情，至少可以暗示上下级关系正陷入低潮，这时最好开诚布公地交换意见，以消除误解，改善双方的关系。

有时候，漠不关心的表情，也可能代表是好意或者是爱意的表情。尤其是女性，倘若太露骨地表现自己的爱意，似乎为常情所不许，于是便常常表露出相反的表情，装着一副对对方毫不在乎的样子，其实这种表面上的漠不关心，骨子里却是十分在意的。这时如果男性不善于观察分析，就很有可能放弃一段美好的姻缘。

有时候，当彼此陷入强烈的敌意和反感时，倘若在对方面前表现这种敌意或反感的话，不但会给对方带来不愉快，甚至还会造成双方关系的危机，乃至出现被社会所不容许的破坏行为。于是，这就产生了伪装的笑容和亲切的态度，这种情况在心理学上叫作反动形成。

关于这一点，最好的例子，就是夫妻吵架。当彼此间的不调和达到很激昂的状态时，不快乐的表情反而会逐渐消失，结果会呈露出笑脸，态度上便显得卑屈而亲切。所以，提出离婚的夫妇彼此越是彬彬有礼，其不可调和的矛盾就越深。

曾经有一位负责明星采访的记者说，如果要了解影视界的夫妇关系是否协调，那倒不是很难的事，只要注意电视上综合节目、现场节目以及家庭访谈就行了。倘若他们不断表现出十分愉快的表情，或者不断地特别强调夫妇之间的协调状况，那说明他们之间很可能出现了危机，表面上的和谐，不过是一种不调和的面具或记号。要彻底了解一个人的内心世界很难，这是表情带来的障碍。因此，在识人过程中，光靠表情和语言是远远不够的。其他的反映同样值得你去细细体察。这样才能更准确地识别一个人。

微表情是不会骗人的

有这样一个故事：王先生与张先生在一家商场相遇，张先生带着他的独生儿子，两人边走边谈些生意上的事情，当经过玩具柜台时，王注意到张的儿子的眼光落在一个变形金刚的玩具上。第二天，王来到张的家，送给张的儿子一个变形金刚的玩具作为礼物，张的儿子很高兴，因为他不会想到，他的父亲有一天要给“王叔叔”一个更大的面子，从而将这个欠下的人情补上。

通过别人的一举一动来发现他内心想要的是什么，是读人的目的，也是我们追求的目标。

在心理学上有一个名词叫做“非语言交流”。非语言交流通常指用非语言行为或身体语言交流，它是传递信息的一种方式，这一点与口头语言一样，不同的是它是通过面部表情、手势、身体接触（触觉学）、身体移动（人体动作学）、姿势、饰品服饰、珠宝、发型、文身，甚至语调、音色及个人声音的音量（而不是讲话内容）等传递信息的。

微表情心理也是属于非语言交流的范畴。

通过非语言交流，一个人会在不知不觉的情况下表现出自己真实的目的、真正的思想和意图。大多数时候，人们都会使用“告诉”这个词语来说明某个人非语言交流的行为。但人们往往在关注别人的时候，却常常忽视了自己的表情变化。

再来看一起发生在美国亚利桑那州的案件。在审讯一个嫌疑人的时候，这个嫌疑人所说的话滴水不漏，从头到尾没有一丝破绽。正当警官们迅速记下他所说的话的时候。他的一个小小的举动引起了一位警察的注意，他在交代案情说自己左拐的时候，手指的方向却是右边。他所说的话和他的手的举动不符合，从而让警官判断出他在撒谎。而在随后的较量中，他最终交代了自己的犯罪事实。

所以说，一个人的语言可以骗人，可他的言行却是诚实的。通过一个人的非语言行为，就可以让自己掌握别人的心理意图。从而给自己留下充足的时间来让自己做下一步的打算。

学会了通过一个人的言行和表情的变化来破解他心理活动的方法，会让我们在和他们交流的时候更有信心，从而能让我们更好地达到我们心中的目标。

眼睛是心灵的窗口

研究发现，眼睛是探究人的内心世界的最有效途径。人的一切情绪、态度和感情的变化，都可以从眼睛里显示出来。而且，人对自己的语言可以做到随意控制，可以完全为了暂时适应某种特定情境的要求而口是心非，但人们对于自己的目光却难以随意控制。观察力敏锐的人，可以很快地从一个人的目光中看到一个人内心的真实状态；可以从一个人的眼睛看出究竟是真的镇定自若，还是强装镇定而内心却很慌乱。

我们常常说有些女孩子的眼睛水汪汪的像会说话似的，这就是因为她们的眼睛富于表情、有神、善于传递内心丰富的感情。实际上，人内心的情感波动都会反映到眼睛中去。心理学家的研究证实，人的情绪变化首先会反映在不自觉的瞳孔改变上。当人的情绪从中性变得兴奋、愉快时，瞳孔会不自觉地放大。一个男子看到迷人的女郎，或一个女性看到潇洒的男子都会有瞳孔放大的反应。此外，人的惊喜、情绪愉快程度因某种刺激突然增加，也同样会产生瞳孔放大反应。有人研究过人们打扑克时的瞳孔反应，发现如果抓到了自己期望的好牌，情绪兴奋性会陡然上升，并出现瞳孔放大。

更进一步的科学研究还揭示，对于令人厌恶的刺激物，人们的瞳孔反应不是扩大，而是明显缩小。当人们的情绪从愉快转向不愉快或突然出现令人不快的人或事情时，瞳孔会不自觉地缩小，并伴随程度不同的眯眼和皱眉。可见，人的眼睛是其内心情感状态的良好指示器。

眼睛不仅是心灵的窗户，更重要的是："眼睛会说话"。心理学家发现，目光接触是最为重要的身体语言沟通方式。如果一个人斜靠在墙上，在没有目光接触时，这个姿势可能意味着休息。而如果与某一个特定的人保持某种目光接触，这个姿势的意义则可能变成了轻视对方。因此，在与他人谈话之前，首先要从眼睛的神情中抓住对方感兴趣的所在以及对自己的态度如何等各方面的信息。

首先，要与对方保持目光接触，这样不但能表现出你对他的注意，也可以观察出他对你是否注意，只有在他注意你的情况下才能展开你对他内心的洞察。语言沟通是具有明确的信息发送和信息接收、分化的过程。当你与你的谈话对象交谈时，如果对方在整个过程中都与你保持一定的目光接触，就说明他在倾听你的谈话或是专注于与你谈话。在此基础上，就可以展开下一步骤："察言观色"。在与对方的交谈中，通过观察对方眼神中的愉快、高兴、激动、幸福或是厌恶、挫折、悲伤、敌对等情绪的变化，就可以得到关于对方的一些重要信息，如喜欢什么，讨厌什么等；同时还可以从其眼神中看出对你的态度，热情、欢迎或是冷漠、排斥，从而决定是否要进行交流以及交流的时机等。

另外一方面，如果你在和他人说话之前，没有与其进行交谈，目光接触同样很重要。与人见面，一双真诚而热情的眼睛会立刻拉近双方的心理距离。眼睛会说人们内心深处的话，它可以表明你对他人的好感。同时，从目光接触中你可以大概观察出对方的人品、性格等重要特征。孟子曾说过，看人胸中正与不正，看他的"眸子"即可，正直的人眼神光明坦荡，不正之人则眼神怯懦灰暗。如果你看一个人第一眼时，就已发现其眼邪心不正，相信如果不是带着特殊目的，是不会有兴趣去与这种人交流的。

生活中还有更多的情况是熟人之间的谈话，这同样需要多从其"心灵的窗口"中洞察其内心。因为熟，大家都互相了解，若平时多观察，更能从对方的眼睛中获取较多信息，了解对方的喜、怒、哀、乐，了解其为人，这样说起话来，一定是"一箭穿心"，收效很好了。

微表情会暴露人的心理

喜欢下象棋的人都有这样的经验，若你想赢得这盘棋，除了要清楚棋盘上的棋子外，还必须要看透对方下这步棋的用意，并进而判断出其后的布局，方能最后赢棋。“正所谓高手前后看三步”，就是讲的这个道理。

人与人之间的交往有很多时候是抱有某种目的的。与人相处，从某种意义上说就如同下象棋，知道对方的企图才能更好行事。人心藏于胸腹中，即便是朋友，也未必就能轻易地了解对方。但是，人的心思却可由显现于外的表情、动作、言谈等流露出来。下面几种方法可以帮你看穿对方的心理：

1. 反问对方

狡黠的政治家，惯常使用模棱两可的回答。如果你遇上说话语意不明者，而他又避免作明确的结论，乍听似乎有理，实际并不然时，为了确认他是否为意志踌躇的人，可利用他自发的双面理论来加以辨明。在他提出强调单方结论后，应立即反问他对于另一方的理论有何看法。

2. 坚持讲完你的话

如果与人见面时，对方表现出闻一知十的态度，你在心里须先设戒心。因为他对你的个性、情绪毫无所知，却表现出闻一知十的样子，其意义大多表示不想倾听你谈话的拒绝姿态，只是碍于礼仪或情面，不好直接表明。但是，如果话才说出，对方即频频点头表示了解，你不可缄默其口，而要坚持说完你的话，让他更加了解。

3. 内心会得到不安

通常，见面双方都持着该有的礼仪待人，若是对方态度异常地冷淡无礼，正说明了他的内心隐藏着不安，为了掩饰其弱点，便采用这种扰乱战术。你可不要被他的假面具所吓退，此时要以冷静的态度应付，才是上上之策。

4. 面无表情

面无表情的表情，正是对方内心无言的表达。当人类强烈的欲望无法得到满足，或心底充满敌意与不欲为人知的情感，不敢直接表露而努力压抑时，就会变得面无表情。所以，无表情，并非内心毫无所感，而是波涛暗涌，畏于表现出来。在他们没有表情的面孔下，实则深藏着不为人知的想法。

5. 对方多话时

人变得多话，并非只是在他想表达自我时，相反的，想打断或想结束某话题时，也是如此。所以当对方突然高谈阔论起来时，仔细想想是否提到他们不愿触及的问题呢？话多并不表示能言善道，只不过是掩藏自己的烟幕罢了。

6. 对方亲切时

面对对方亲切无比的应付态度，若是认为自己交际成功而沾沾自喜，那真是大错特错。过度亲切是不是因为为了掩饰内心的不安才如此？此时，你应该若无其事地转变话题，以探知他的真意。

7. 一种信号

香烟盒乃是人们用之不露痕迹地表示己方的意思的一种信号。因此，若是推拒了对方所递过来的香烟，而取出自己的香烟来抽的话，会被认为是不接受的一种拒绝态度。

8. 手插入裤袋中

手插入裤袋中，多半是在紧张之余，无意识地把手放人裤袋中的。不论何人，为了要解除内心的紧张，大都会做出解除肉体紧张的动作。他将手插入裤袋中，也只不过是要借着触摸自己身体中易于接触的位置，来提高与自己的亲密性，进而消除紧张。初次会面的对象，即使他做出违反礼仪的动作，因此责难他也并非上策。接受对方的那些信号，并使其紧张得以缓和，这才是引出他真心话的一个前提。

9. 故意与对方对抗

在以了解人品及思想为目的的面谈中，为了能在有限的时间内尽可能地抓住正确的形象，就有各种深层的方法被使用着，其中有一种被称为压迫面谈的方法。这是一种向面谈者提出令他不快的问题，或是将其置于孤立状态而迫使他作二者择一的决断的方法，将其赶入危机的状况中而视他的反应。

持续提出用“是”、“不是”不能回答完全的问题对于人际交往，特别是要探知对方的真意时，不论有关任何一方面，都有必要让他说出更多的话语。因此，这一方法应是一个有效的助力。

10. 把话题岔开

对方将话题岔开，大致上有三种情形。其一是因为完全不留神而岔开了，其二因突然产生出乎意料的联想而岔开，另一种则是故意将话题引到别处的情形。这些情形，都表示说话者目前的兴趣和精力，已转向别的话题上。因此，不要在中途截断他的谈话，让他继续一段时间。如果是第一种情形的话，不久他就会对于究竟何者才是正题也感到非常诧异。第二种情形中，因为本人并没有忘记本题，所以能自然地了解到其联想与本题的关系。而如果隔一段时间之后仍然不能回到本题的话，就可以判断为第三种情形。依此种方法，可以了解到，乍看之下是很浪费时间精力的“离题谈话”，也可以成为读出对方心理的一个绝好机会。

11. 闲话家常

在不了解对方的性格、感情特点等的情况下而与之作初次见面的谈话，就像拳击比赛，需要猛击。完全脱离目的的闲谈，就如同看似没有目标的进攻，提供了看清他本意的线索。如果他加入了闲谈中，则可视为接受己方态度的表现。假设他并不参与闲谈，那么对于己方所引出的闲谈，他应该表示出一些反应。视其反应，己方就可以决定是进是退，或是再进一步试试看等，以改变自己的战术。

当你被夸奖时，夸奖的言辞、恭维话，并不都是单纯可喜的。一被别人称赞就立刻上当的，会被认为是太简单、太幼稚。然而，若是露骨地表示出猜疑心并冷冷地应对，这也会破坏交际的气氛。因此，最顺当的方法是，先谦虚一番，然后继续保持着探索对方真意何在的姿态。由此就能够找出他隐藏于赞赏言辞后面的观察之心，并且判断出他是否对你怀有敌意或某种企图。

当然，人心是无法仅从肤浅的表面所能够了解的。有时，你认为自己已经了解了对方的想法，可实际上，这正是他为了掩饰自己的行动而故意施放的“烟幕弹”。

要想探测别人的内心世界，就得从对方的表情中读出真意来。表情是人类心灵沟通的重要工具，经由表情，可以达到交换彼此意见的目的。它能真实的反映人类内心的所思、所虑。无论一个人心里在打什么主意，他的表情都会立刻忠实的反映出来。不管对方说的如何动听，其表情也会出卖他自己。

察言观色的最佳方法

察言观色是人际关系中的一种基本技术。如果你不会察言观色，那就等于不知风向便去掌舵，人情通达无从说起，处理不当，还会在小小的风浪中翻船。

人的直觉虽然敏感却很容易受到蒙蔽，懂得如何客观推理和判断才是察言观色的最佳武器，也是人们追求的顶级技能。

一个人的言辞能透露他的品格，眼神和表情能窥测到他人的内心。坐姿、手势、衣着也会在不知不觉之中出卖它们的主人。言谈能告诉你一个人的地位、性格、品质以及流露的内心情绪。

如果说观色犹如察看天气，那么看一个的脸色就蕴含着很深的学问，因为不是所有人在所有时间和场合都会喜怒形于色，相反常常是“笑在脸上，哭在心里”。

下面我们一起来看看察言观色都有什么最佳的方法。

1. 由浅入深

人与人的相处，察言观色说到底是对对方言谈举止、表情神态的微妙变化及其含义进行准确捕捉和判断，是一个“由表及里”的过程。

性格定向和语言定位是这个过程的第一步。性格定向就是通过对他的表情、言语、举止的观察分析，掌握他的性格类型。比如，你可以甩出一两个对方敏感的问题，静观一下他的反应方式和激烈程度。

值得我们注意的是，这种观察一定要细致入微，千万不要因为对方看上去似乎毫无反应就判断他是个傻瓜，正如看了悲剧有人流泪有人淡然，你不能说淡然的人就没有被感动。

在摸透了对方的性格类型之后，你就可以设法捕捉最能反映他思想活动的典型动作和典型部位，也就是“语言点的定位”。

眼、手、腿、脚、身体每一个部位的肌肉都可能是“语言点”的所在。有些基本现象的含义人人都基本了解，如腿的轻颤是心情悠然的表现；双眉倒竖、双目圆睁，是愤怒的特征；而微蹙眉头、轻咬嘴唇，则是思索的含义。

此外，还应该特别注意对方的手，尽管很多人可以巧妙地掩饰许多东西。但愤怒时往往要握紧双拳，或将纸烟、铅笔之类的东西捏坏，甚至两手一直发颤；兴奋紧张时双手揉搓，或者简直不知道该把手放在什么地方才好；思索时手指常下意识在桌面、沙发扶手、大腿等地方有节奏地轻敲，这是一个普遍的动作。

2. 决定性的一瞬间

任何一个人对自己神情的掩饰都不可能做到绝对的滴水不漏。关键的问题是你在对方错综复杂的神情变化中，能否准确判断哪一个变化是起决定性的。

对于机智的人来说，他们弥补失误的本领也是异常高超的，他不可能给你很长时间洞悉他的破绽，因此，时机对你来说非常宝贵。至于，究竟什么才是“决定性瞬间”的具体显现，怎样才能将其判明并抓住，那就要具体情况具体分析，凭借你的经验和感觉来定夺它并无固定模式可循。

3. 主动去探察

察言观色我们不要粗略地理解为是一种被动式的冷眼旁观。事实上它是一种主动进攻。采用一定的方式、手段去激发对方的情绪才是迅速、准确把握对方思想脉络的最佳武器。它包括以下几点：

轻松漫谈：在触及正题之前漫无边际地谈些与主题无关的话，目的在于观察对方的兴趣、爱好、习惯和学识等情况，如果对方正好感到无聊厌倦，那么你的漫谈还可起到放飞心绪的作用。

激将法：用一连串的刺激性问题主动出击对方，使其兴奋进而失去情绪的控制。你还可以做出一些傲慢、看不起对方的姿态，对他的自尊造成一定的威胁，激发他的情绪。

逆来顺受：当你还没有吃透对方的脾气时，可以表现出一副怯懦无能的样子，当他错误地以为你是不堪一击的对手时，他对自身的控制就会有所放松，这时你就比较容易看出他的真实心态了。

施投诱饵：你可以看似无意，实则有心，用一些对对方具有吸引力的话题，判断出对方的心中所想，摸清对方的神情变化，及心理活动表达出来的一些特点。

4. 坐姿的相关状态

在人际交往中，立姿是各种场合的一般状态。因此，人们在坐的时候会以立刻可以站起姿势为前提。一般深坐的人，在精神上占有一定的优势，至少，他希望自己居高临下是一种肯定的姿态。而浅坐的人坐在位置上显示出他的不安与犹豫，不够坚定，似乎有一种屈居劣势的状态。

浅坐的人，在无意识中会表现出一种服从对方的心理来。当你在这种人面前，你千万不要过分显示自己的太强大与傲慢，因为他们的内心很容易产生一种不平衡甚至会有反抗。

相反，你如果表现出对他的友好与关心，他一定会在心里喜欢你接受你。愿意与你接近，这为拓展以后的关系，可以奠定基础。

5. 谈话的核心主题

一言以蔽之，话题是多种多样的，倘若你想了解对方的性格与气质，最容易着手的步骤就是观察他喜欢说的话题及本身的情况。

关于这一点，最有趣的莫过于一次日本电视台上的一个现场节目，专门提到谈话者本身关心的话题。节目活动将谈话者的上半身，隐藏起来摄影机只能从后面拍，这种做法不但提高视听者的好奇与关心，而且还能使表演者，很露骨地谈到性的问题。

后来，创办这个节目的导播透露，以这种方式进行谈话，谈话者会很平静，他们显得更加坦然，毫无顾虑地倾诉她们的烦恼与痛苦。

对于志愿出演的人员，节目制作人说：“大多数希望上台表演的人，差不多都是一些心理危机比较严重的中年妇女，当我们前往搜集材料时，对方都说得很干脆很坦白，大部分的人都会提到关于性生活方面的问题，还有的是长久以来积压在心中的各种生活细节，她们会愉快地畅谈很长的时间，有关长久以来的生活细节……”。

此后，根据节目制作人员的介绍这些中年女，最喜欢谈论自己，因为在她们的心目中自己才是值得的欣赏对象。她们都有一种错觉都认为，世界是以她们为中心而转动。这是一种自我意识的充分表现，她们可以说是以自我为中心的任性者。

关于自我意识的问题，一般说来，女人比男人表现得更为强烈。从那档节目的内容和角度来看，那些演出者的表现，也以女性最为热烈最容易激动。

她们开口闭口就会说：“我的孩子……”，总是以自己为中心去谈论和展开一些话题，有些人即使已经是成年人，但他们的话题也仍以自己身边的大小事情，当作唯一的内容，从这种人的谈话内容我们就能够看得出他们的心理性格是不成熟的。

6. 穿戴洞悉对方

由他人的穿戴服饰，能够加深对一个人的了解。性格豪放热烈者一般喜欢大红；如果经常穿橙黄色衣服的人，一般是一个热情好客之人；如常穿绿色服装的人多是高雅平和之人，当然，其中也不乏颇为清高的人；而喜欢淡蓝色服装的人通常是逍遥洒脱者；要是总穿深灰色服装的人在思想上较为保守，办事稳重沉着。

需要注意的是，以上所说的只是一种倾向和趋势，因为有些人的衣服，并不一定是自己挑选的，可能出于工作的需要，或场合的不同而迫不得已的选择。

通过服装的款式，我们也能够了解到许多信息。如果对方经常穿违反习俗的服装，那么，他们会有着较强的优越感和个性。

喜欢穿华美衣服的人，通常都有较强烈的自我展示欲和一种求美求全的心理；

穿着朴实的人性格较为顺从和善，做事情比较客观，可信赖。

倘若一个人完全沉溺于追求流行款式，那么他很有可能是一个情绪不够稳定的人，而且做起事来可能缺乏主见。

通过一个人的佩饰我们也能够得到一些认识对方的有益信息。比如，如果对方戴着一个低劣的戒指，但身上穿着华美的衣服，那么说明他很可能是个十分爱美之人，也可能是个爱慕虚荣的人。

倘若对方戴着名贵的戒指，而穿着比较朴素，那么，说明他是个有内涵并且比较理性之人。

倘若一个女子背的背包小巧玲珑，这不仅说明她非常注重外表，同时，也表明她的生活比较闲适，不是很紧张，没有压力。如果挎包比较大，说明她的事情很多，生活紧张，也有可能是个家庭主妇。

如果打开一个男人的提包，里面层次分明，东西摆放得有条不紊，那么，说明他是个办事严谨的人；相反，如果里面的东西杂乱无章，他也许是个办事不容易理清头绪的人，也可能是个醉心追求事业的人。

从这些生活的实例中，我们得出结论，在与他人交谈的过程中，对方的谈话内容，我们能够通过察言观色去洞察其性格。

法则 7

微反应传达真实的信息

习惯性的传达信息

除却手势这种小动作以外，我们更不能放过肢体动作这一细节。往往一些不经意间所做出的肢体行为也为我们传达着某些真实的信息！

之所以是不经意的动作，是因为经常容易被我们所忽视，被我们认为是很普通的动作，没有什么可以值得研究分析的，对于微表情来说，这是一种错误的观念。很多不经意的动作里面包含着很多不为人知的真实信息。日常生活中，具体有以下一些动作需要我们去注意：

1. 爱边说边笑的人

这种人与你交流时你会感到气氛十分的轻松愉快。他们阳光朝气、性格开朗，对生活从不苛求，他们懂得“知足常乐”，富有人情味。感情专一，对感情格外珍惜。人缘口碑都不错，喜爱平静的生活。

2. 爱掰手指节的人

这种人总是有意无意地把自己的手指掰得咯嗒作响。他们精力较常人来说旺盛一些，和很多人都能谈得来，喜欢钻“牛角尖”。为人对事物较挑剔，对于自己喜欢做的事情，会不择手段、不遗余力地实干。

3. 爱腿脚抖动的人

这种人总是无意识的喜欢通过脚或脚尖使整个腿部抖动；他们表现得很自私，很少为他人考虑，凡事功利性很强，做人也小气，对自己的认识却很清楚。

勤于思考，能发现很多有建设性意义的观点。

4. 爱拍打头部的人

这个动作通常是表示懊悔和自我谴责。他们待人苛刻，但对于事业有高瞻远瞩、改革创新的优势。这种人心直口快，也容易得罪人，为人真诚，有同情心，爱帮助他人，但经常祸从口出、守不住秘密。

5. 爱摆弄饰物的人

当然，这种人一般多为女性。性格比较内向，对于感情封闭的很严实。她们的另一个特点是心思缜密、做事认真踏实。

6. 爱耸肩摊手的人

这种动作表示了无所谓的意义。为人热情积极，真切诚恳，富有想象力、创造力，喜欢享受生活，心胸开阔，努力追求幸福，渴望生活在和睦、舒畅的环境中。

7. 一个爱抹嘴捏鼻的人

习惯于抹嘴捏鼻的人，喜欢与别人开玩笑，却又不是一个勇于担当的人，沉溺于哗众取宠。这种人喜爱被人支配，渴望有所依赖，行事做人犹豫不决，不懂的抓住机会，选择时常拿不定主意。

在心理学上我们以拥抱为例来进行探究。拥抱除了我们所熟知的表示亲密与热情的礼仪行为外，也被用来治疗某些心理障碍。心理学家们认为拥抱是对精神的一种鼓励，长期缺少和人拥抱，人会变得渐渐孤独、越来越冷漠，甚至漠视一切。

西方人认为：一个长时间不被他人予以拥抱的人，注定是孤独的；而一个长时间不去拥抱他人的人，是冷酷的，其感情也是干涸的。拥抱是人类行为、语言、精神沟通的本能需求，对人有益无害。美国著名心理学家赫洛德·傅斯博士曾说过："拥抱是人类最美妙的姿态，它能够消除失落、沮丧，使人体免疫系统的效能有机提高；还可以驱逐疲倦，给生命注入新鲜力、让人的心智变得更加青春。在家庭中，拥抱将可以加强家人之间的关系，以此来大大地减少相互之间的摩擦。”

然而在中国，很多人受传统文化中“克己复礼”的观念影响，中国人和家人之间几乎不拥抱。香港艺人张学友在参加 CCTV《艺术人生》时提到，他的母亲不仅是自己生活导师，更是自己心灵的避风港；然而他在四十岁时才第一次拥抱母亲，并且为此而考虑了一个月。他个人觉得十分遗憾！毕竟，这个拥抱来得太晚了。

肢体语言无疑是人类生产生活中的第二语言。其通过一定的行为可以传递较为明确的信息，在情感上、思维上传达一种心理行为的状态。

读懂人心的细微之处

我们平时在和别人交往的过程中，根本不会注意到对方的身体所发出的信号。我们要清楚，仔细观察对方身体一举一动的重要性，和专心致志聆听对方讲话是一样的。可以作一个假设，如果我们在听别人讲话的时候耳朵里面塞着耳塞，那我们如何能听清楚别人讲话的内容呢？这是一个多么愚蠢的做法。同样的道理，我们不注意别人细节的变化也像给自己的眼睛戴上了眼罩一样，我们如何能理解别人的身体信号所要传达的意思呢？

其实这些身体语言并不难发现，只是我们一直疏忽。所以，大多数人不会注意到周围世界的细节变化，他们也就不会意识到自己的周围有一个丰富多彩的世界。一个人手脚的动作可能与他的思想或目的大相径庭，但是却没人发现。

大侦探福尔摩斯破案的故事，已广为流传，脍炙人口。形形色色、离奇古怪的复杂疑案，一经福尔摩斯的侦察分析，蛛丝马迹毕现，真相大白。在作家柯南·道尔的笔下，福尔摩斯完全是一个学识渊博、观察力非凡的人。

在《福尔摩斯探案集》中，福尔摩斯对毕生职业的判断让人叹为观止，他说的话译文如下：

“这一位先生，具有医务工作者的风度，但却是一副军人气概。那么，显见他是个军医。他是刚从热带回来，因为他脸色黝黑，但是，从他手腕的皮肤黑白分明看来，这并不是他原来的肤色。他面容憔悴，这就清楚地说明他是久病初愈而又历尽了艰苦。他左臂受过伤，现在动作看起来还有些僵硬不便。试问，一个英国的军医在热带地方历尽艰苦，并且臂部负过伤，这能在什么地方呢？自然只有在阿富汗了。”

在福尔摩斯侦查的过程中，他绝不只会将自己的目光放在一件事情的表面上，他会牢牢抓住那些与案件有本质联系的细节，进行深入细致的观察。观察是一种有目的、有计划、有步骤的知觉，它是通过眼睛看、耳朵听、鼻子闻、嘴巴尝、手摸等去有目的地认识周围事物的心理过程。在这当中，视觉起着重要的作用，有 90% 的外界信息是通过视觉这个渠道进入人脑的。因此，也可以把“观察”理解为“观看”与“考察”。

日常生活中，我们总会听到这样一些抱怨：“我妻子提出要跟我离婚，可我竟丝毫没有察觉她对我们的婚姻有什么不满。”“辅导员告诉我，我儿子已经吸食可卡因三年了，但是我一直都不知道。”“我正在与这个人争吵，没想到他竟然打了我，我之前竟然没有察觉到。”“我以为老板对我的工作很满意，但是没想到他却把我解雇了。”

这都是因为我们忽略别人身体语言的结果，正是因为我们常常忽视那些细枝末节的动作和表情，所以才有了我们嘴里常常说出的“想不到”。

幸运的是，这种本领是可以学会的，而我们也不用一生都过得糊里糊涂。另外，既然是一种技能，我们就能通过培训和练习让它变得更加精湛。如果你在观察力方面遇到了“挑战”，千万不要气馁。只要你愿意花时间和精力不断地观察你周围的世界，这个困难是可以克服的。

1. 要有明确的观察任务

在确定任务的时候，可以把总任务分解为一系列细小的和逐步解决的任务。这样可以避免知觉的偶然性和自发性，提高观察的积极主动性。

2. 具备一定的知识、经验和技能

俗话说：“谁知道的最多，谁就看得最多。”一位富有学识的考古学家，能够在一片残缺不全的乌龟壳（甲骨）上，发现不少重要而有趣的东西，而一个门外汉，却一无所得。

3. 观察应当有顺序、有系统地进行

这样才能看到事物各个部分之间的联系、关系，而不至于遗漏某些重要的特征。

4. 使更多的感觉器官参与认识事物的活动

这样一来，不仅可以获得事物各方面的感性知识，而且所得到的印象也是深刻的。

5. 观察时应当做好记录

这不仅对于收集和整理所观察到的事实是十分必要和有益的，而且也是促进准确观察的宝贵方法。

我们在生活中每天都需要与人进行交流，掌握准确地观察人的方法，使你进一步把握好人际交往中的微妙关系，你就可以在芸芸众生中脱颖而出，成为人际交往中的焦点人物。

微动作中的把戏

我们自己在日常生活中可能会经常讲一些谎话，做一些掩饰性的动作的，但是我们不喜欢别人对自己撒谎，也不喜欢他们对自己掩饰太多，多数人都有类似的心理。倒不能因为这一点，就简单地说所有人都是自私的，因为人在面对另外一个人的时候，尤其是陌生人，他会本能地想保护自己，越是年龄大的人，这种感觉就会越强烈，而保护自己的方式就是尽量多的隐瞒自己的实际情况，隐藏自己的内心。

如果别人看不到自己，内心的安全感就会很强。这就像是我们晚上害怕，一个人睡在被窝里，突然想起了之前听说过的一个鬼故事，吓得不行了。会怎么做呢，基本上唯一的做法就是裹紧被子，尽量往里钻。其实如果真的有“鬼”，钻与不钻没有多大分别。

每个人都有一套自我保护体系，每个人的方式可能会有所不同，但差别不会很大。这单单是指说谎这一个层面。内心的情绪波动不止说谎一项那么简单。还有很多，比如说害怕、骄傲、吃惊、怨恨、忧伤、高兴等等。

每种不同的情绪体现出来的都是不同的微表情。每一种微表情的背后也都有它的“故事”。我们可以尽可能地控制自己的情绪，但不可能没有情绪。有了情绪，就会有外在的表现。不管他的社会阅历到了多高的级别，练成了什么“盖世神功”，总归还是要按照一定的套路来。这个套路就是微表情，没有人能逾越。既然这样，我们就能揭穿他的掩饰或者是隐藏的种种把戏了。

我们在和别人谈话的过程中总是能碰到一些人，他在和你谈话的时候，不是碰碰这儿，就是摸摸那儿，要么是看看桌子上的杂志封面，要么用手指轻轻地敲击桌面，或者是玩弄一个很无聊的东西，比如一支圆珠笔。都是一些很小很琐碎的动作，你也看不到他有起身去做什么事情的迹象，但是就不能安心的听你讲话。要么是手不闲着，要么就是扭扭脖子、伸伸懒腰。对你而言，这是一个需要结束谈话的信号。

他之所以会有这些看似不经意的动作，就是因为他对你的谈话内容一点兴趣都没有；也或者是这个时候，他正烦着呢，之所以招待你了，是因为礼貌要求他必须要这样做。所以，如果你还想有下一次的会谈，最好能趁他一开始有这些小动作的时候就提出告辞。这样的话，会给他留下一个印象，这个人老于世故、成熟，值得交往。下一次你再见到他，基本上他就不会是以前那样了。聊天的时候，也有可能对方的动作不是做一些小动作，而是一些肢体语言，比如说时不时地用手摸自己的脸、挖挖鼻孔，再或者是弹手指，这些动作显得很不经意，而且和谈话的内容一点关系都没有。这说明你对面的这个人对你有很强烈的抵抗情绪，根本就没有听你在讲什么，更甚至有可能连一个字都没有听进去，这完全有可能。内心深处，他是厌恶你的，不只是不喜欢你的谈话内容，就连你的人也是很讨厌的，是发自内心的那种讨厌。

对于一个人的内心活动、性格特征，也会比较明显的表现在他平时的日常行为习惯上。比如说看报纸，这是很常见的一个现象，非常普遍，但不同的人看报纸的方式却是不一样的。两种情况反差很大，一种是这边买过来，那边就迫不及待地打开来看；与此相反的是有的人将报纸买回来以后并不急于打开来，而是将它先放下来，干自己手头的事情，等到其他事情都干完了，自己安静了，才会拿这份报纸，慢慢地阅读。

第一种人多数外向，不是那种磨磨唧唧的人，雷厉风行，想到什么就开始着手，先干后想，所以这类人干劲虽强，失之草率，他们是积极乐观的一种人，对生活不能说有很多的美好想象，但不是悲观失望者，自信但不盲目。身体很好，精力充沛，是那种看上去就觉得精神头儿倍儿足的人。他们一般比较简单，脑子里也有太复杂的东西，高兴还是伤心，看一眼就知道了，所有的心事都写在脸上了。他们的交际能力很好，这是他们的一大优势，也就是因为这个优势，让他们能得到很多人的喜欢，不过这类人喜欢出风头，刚愎自用。

第二种人，也就是那种将报纸先放在一边，干完自己的活才会展开来看的人，他们一般性格较为内向，最突出的特点就是话很少。不像是第一种人很善于交际，他们不喜欢与太多的人来往，比起很多人在一起开个 Party，他则更愿意呆在家里。所以他们的人际关系就处理的差强人意了。这种人的思想非常独立，他们很少能受别人的影响，很有主见，所以他们是那种不鸣则已，一鸣惊人的类型。他们很现实，不会冒出一些不切实际的空想，做事非常认真，只要是自己做的事情，一般都会尽全力做好。他们对待别人不是很热情，但是自己能够和自己交流，并自得其乐。

每个人的性格后面都会跟上不同的人生表现特征。这些特征的表现形式就是我们要追求的真实信息。而每个人的感情虽然并不一致，但总体上可以分类，而且并不复杂。每种情绪的后面也都会有相应表征。谎言、欺骗这些情绪都会很明显的暴露在一些自己不知道，但是能让我们捕捉的信息里。不管是什么样的把戏，都不能逃脱心理上的反应，也就是不能逃过微表情地堵截了。

头部内暗藏玄机

头是人的身体最聪明的、机智的部位，而脸则是人的身体语言中表情最丰富的部分。人的一眨眼、一颦一笑、一点头、一咧嘴……无不透露着人生的喜、怒、哀、乐。学会解读头与脸的表情，你将会在交际场上，轻轻松松洞悉人心，掌握住成功人生的契机。

科学家的研究结果证实：人的身体可以传达许多信息。人的许多不自觉的身体动作，常常能折射出他内心世界的思想感情。当然，这需要我们认真仔细地加以解读。下面，我们就从头部开始解读“身体语言”。

1．唯我独尊者

在日常生活中，我们经常看到有人用“摇头”或“点头”，以表示自己对某件事情看法的肯定或否定。

但是，如果你看到一个人经常摇头晃脑的，那么你或许就会猜测他不是得了“摇头病”就是神经病了。

不过，如果我们撇开这种看法而从身体语言的角度来看的话，这种人特别自信，以至于经常唯我独尊。他们也会请你帮他办事情，但很多时候，你做得再好他（她）都不怎么满意，因为他（她）有自己的一套，他（她）只是想从你做事的过程中获取某种启发而已。

这种人，一般在社交场合中很会表现自己，却时常遭到别人的厌恶，他们对事业一往无前的大无畏精神倒是被很多人欣赏。

2. 头部的后悔心情

拍打头部这个动作多数时候的意义是在向你表示懊悔和自我谴责，他（她）肯定没把你上次交代的事情放在心上，如果你正在问他“我的事情你办了没有”，见他（她）有这个动作的话，你不用再问也不用他（她）再回答了。

倘若你的朋友中有人有这样的动作，而他（她）拍打的部位又是脑后部，那么，我们想直言告诉你，他（她）这种人不太注重感情，而且对人苛刻，他（她）选择你作为他（她）的朋友，很大程度上是因为你某个方面可以供他（她）利用。当然，他（她）也有很多方面值得你去交往和认识，诸如对事业的执着和开拓等，尤其是他（她）对新生事物的学习精神，你不由得从心底真心地佩服他（她）。

时常拍打前额的人一般都是心直口快的人，他们为人坦率、真诚，富有同情心。在“耍心眼”方面你教都教不会他（她）。因此，如果你想从某人那儿了解什么秘密的话，这种人是最佳人选。不过这并不是说明他（她）是一个不值得信赖的朋友；相反，他（她）很愿意为别人帮忙，替别人着想。这种人如果对你有什么得罪的话，请记住：他们不是有意的。

3. 提高对方思考的进取心

如果与你面对面坐着或站着，这种人总要时不时地抹一抹头发，好像在引起你对他（她）发型的兴趣，今天肯定特意梳整了一番。其实不然，因为这种人就是一个人独自在家看电视，他（她）也会每隔三五分钟“检查”一下头发上是否沾上了什么不好的东西。

与人交流时喜欢抹头发者大都性格鲜明、个性突出、爱憎分明，尤其疾恶如仇。倘若公共汽车上有小偷，而乘客都是这种人的话，那个小偷一定会被当场打个半死。

这种人一般很善于思考，做事细致，但大多数缺乏一种对家庭的责任感。

这一类人对生活的喜悦来源于追求事业的过程。这句话听起来有点玄乎，不过仔细想来你就会明白：喜欢拼搏和冒险的人，他们是不在乎事情的结局的。他（她）在某件事情失败后总是说：“我问心无悔，因为我去干了。”

用点头的方式提高对方思考及进取心

“嗯！说的也是！……”我们经常看到电视访问时，主持人会以如此唯唯诺诺的应答方法来诱使对方滔滔不绝地说下去。所以说，杰出的访问者是善于回答并能使他人关不住话匣子的。

如上述般的回答方式，除了语言外，还有一种身体语言，那就是点头。当一个公司举行面试时，主试官频频点头示意和极少点头的情形比起来，前者容易引起应征者谈话的兴趣，而点头的动作也具有回答的效果，也就是表示：“我正在听你说话”或“请继续说！”这种意思一旦传递给对方，对方便会有：

“对方已能明白我的话了”或“对方接受我的说法了”的想法，因此能贾其余勇，口沫横飞了。

相反地，如果听者吝于点头的话，那么说者便会觉得言论不受重视，索然无味而不愿继续下去。最后，终于产生相对而无语的情况。

4. 点头的不确定性

关于点头方面的实验，有以下的结果：

（1）当对方针对谈话内容或音律，向你做点头的动作，表示其对你某种承诺的允许及好感。

（2）在两人的谈话过程，对方地点头超过三次，表示不耐烦或有否定的意味。

（3）若点头的动作与谈话情节不符，表示对方不专心，或有事情隐瞒。

5. 倾听的姿态

歪着脑袋常常是一种聚精会神倾听的姿态，这不仅仅出现在人类身上。动物也有相同的表现，例如刚满三个月的小狗听到或看到吸引它注意力的新事物（如新的狗屋、第一次见面的其他动物等）时，头也会歪一边。

意义的不一样

日常生活中就点头与摇头两个动作而言：一般来说点头是表示肯定的意思，摇头是表示否定的意思。但介于文化不同、地域不同，各地会产生差别。

例如保加利亚人在表示肯定时是左右摇头，让对方看见耳朵，否定时则先将头后倒，然后向前弹回。而在叙利亚肯定时头先向前倒，然后弹回，否定时头先向后倒，然后弹回。点头除表示“是”“肯定”之外，有时仅是向说话者表示“应和”的意思。认真的、有节奏的“应和”，是向对方表示“我正在注意倾听你的说话”。若是机械地应和，频频点头，至多表示形式上的敬意和礼貌，实际上对说话的内容不感兴趣。这个动作实际上表示对方对你的谈话主题不感兴趣。如果你此时还继续你原来的话题，对方就会频繁地变换架腿的动作，表示不耐烦了。

摇头表示一种否定，这种否定可以是针对他人，也可以是针对自己的。然而，否定并不代表一切已经结束。也许它正是希望的开始！就好比置之死地而后生的意思相同。我们常说，世界上只有相对的事物、绝没有一定或肯定的事物。因而，否定也可以创造出肯定。

据研究表明：摇头是人们出生后学会的第一个动作，起源于襁褓中的哺乳时期，婴儿在吃饱之后，用来拒绝奶水或者其他食物。很显然，人们从孩童时候就已经开始用摇头来说“不”了，所以，看到摇头的动作，人们很自然就会觉得那是拒绝、否定的意思。其实，这种理解很片面，轻则会让我们犯经验主义的错误，重则会耽误了我们的社交大事。

昨天，小李又遇见了上次在饭局上结识的王老板，王老板劈头就问：“小李，你不是说要找我帮忙，怎么一直也没见你来呢？我可是一直在等着你的出现呢！”

听他这么一说，小李立马“晕了”，他不知道王老板葫芦里到底卖的是什么药，上次他在向王老板提及让其帮忙的事时，明明看见人家冲他摇了摇头，怎么这次又主动提出要帮自己的忙，这到底是怎么回事？难道王老板是在说客套话？但看他一脸真诚的样子，又不像是在敷衍自己。

他疑惑不解的郑智就斗胆问了王老板一句：“王老板，我想问一下，您是真的想帮我的忙吗？”

被他这么一问，对方显然不高兴了，脸色阴沉地回答道：“你看你这小伙子，我这么大个人了说话还能不算话？我是确实想帮帮你们这些有志气的年轻人啊！”

小李听到这里，索性把事情弄个明白，就又问了句：“那我上次和您商量帮忙的事情时，怎么见您冲我直摇头啊，我还以为您是在拒绝我，只不过没有口头上说出来而已，所以，我就知难而退，没有再去找过您。您当时难道不是在拒绝我吗？”

王老板终于弄明白是怎么回事了，只听他大笑着说：“你不知道，摇头是我的习惯性动作，我不光在拒绝的时候摇头，有时候，我希望别人继续讲话时也会摇头，吃到好吃的东西时也会摇头。这么看来，你这个小伙子是不懂心理学了，你可以翻翻心理学方面的书籍，那上面对摇头的含义作出了不同的解释，相信看过之后你就不会再那么单一地去看待我的摇头动作了。”

小李终于明白了，原来是他理解错了王老板的意思，这一错不要紧，白白地耽误了他这么长时间，要不然的话，他恐怕早就得到王老板的帮助，渡过如今的难关了。

看来，思维定式真是害死人，要不是一味地将“摇头”当成是拒绝的意思，要是当初小李能多了解点心理学方面的知识，恐怕当时就不会对王老板的摇头动作作出主观臆断，认为是拒绝自己的意思，也就不会把自己找对方帮忙的计划给搁浅了，说不定，他的事业现在已经在王老板的帮助下上了一个新台阶了。

当我们将“摇头”具体到不同的场合，还会有不同的意义，所以，我们不能以偏概全，必须做到具体问题具体分析。心理学上，大致有这几方面的解释：

第一种情况就是明显拒绝的意思。这时候，人们的头部动作会左右摇晃得十分明显，频率特别高，暗含着对对方所说的话非常不耐烦的意思，所以，这种拒绝的方式也最容易被我们识别。

第二种情况，虽然也是摇头，但是，摇晃的幅度非常小，频率非常低，这实际上并不代表否定意味，反而还带着一种暗示，是听话者在暗示谈话人把话题继续下去，而他自己暂时没有发话的打算。甚至有些人在默许别人的一些话时，也会作出类似的动作。

第三种情况就是密切注意那些口头上对你大加赞赏的人，注意他们有没有摇头行为，如果他们一边摇头一边对你说“我一定会考虑你”“我很欣赏你的作品”“我们会合作得很愉快”，那么不管他们的态度多么诚恳，他们的摇头动作都是他们内心消极态度的体现，这对你来说并不是什么好兆头，所以，你一定要对他们多留点儿神。

第四种情况就是有些人会在得意的时候摇头晃脑，比如唱歌唱到高潮部分时，不自觉地会摇头，或者在品尝美食的时候，会一边吃、一边不断地摇头说：“噢，真不错，真是美味。”

人生充满了太多的不确定性。但这一切的不确定中并没有绝对的否定与肯定，个中不乏蕴含的机遇与选择。重要的在于我们是否把握住了丝丝痕迹，是否懂得了摇头并不一定就是否定这一游戏变动的规律。

手势的动作会暴露内心的状态

我们可能见过，当父母训斥小孩子时，小孩子往往用小手揉揉眼睛，生气地噘起小嘴巴，有时还会低下脑袋避开父母的眼睛。对有些父母来说，这种揉眼低头的动作会使他们更加激愤。有的父母面对孩子的谎言无计可施，但又想让孩子“坦白交代”，因此，就声色俱厉地对孩子喝道：“看着我的眼睛！说，你到底干什么去了？”其实，父母的这种逼问只能增加孩子的恐惧心理，恶化他（她）的消极态度，最后迫使他（她）溜出家门。事实证明，这种训斥孩子的方式只能适得其反。其实，小孩儿在父母面前揉眼和低下脑袋的姿势动作已经说明他（她）在撒谎或有难言之处，如果他（她）的父母换一种方式，耐心等等，那么，想撒谎的小孩儿很可能会向父母道出真情。

在人类的历史上，张开的手掌从来都是同真实、诚实、忠诚和顺从联系在一起的。许多宣誓的场合都是：宣誓人把手掌放在心口上。当人们在法庭作证的时候，手掌举在空中；左手拿着《圣经》，右手掌举起来，面向法官。

在日常的交往中，人们采取两个基本的手掌姿势。第一个是：手掌的掌心向上，乞丐讨钱要饭，就是采取这样的姿势。第二个是：手掌的掌心向下，表示向下压或者克制。

有一个最好的方法来发现某人是否坦诚，那就是看看他的手掌姿势。狗打架时，向胜利者露出喉咙，表示投降或顺从。人类这种高级动物也是这样，他（她）用自己的手掌表示类似的态度或感情。例如，当一个人想表示自己的坦率和诚实时，他（她）会把一个手掌或两个手掌向对方摊开，并说，“我对你是完全开诚布公的”。像大多数身体语言一样，这完全是一种下意识的动作。它使你感觉到对方是在讲真话。当一个孩子撒谎或者隐藏什么东西的时候，他（她）总是把手掌放在身背后。如果一个丈夫同孩子们在外面过了一夜，但是却不想把自己过夜的地方告诉妻子，那么，当他做解释时，他同样也把手掌藏在口袋里或者把手臂交叉起来。这样一来，藏手掌的动作可能使他的妻子感到，他没有讲真话。

经理们常常告诉推销人员，当顾客解释他为什么不买这个产品时，要看看他的手掌，因为只有张开手掌时，他才会讲出真实的理由。

1. 手掌姿势的欺骗

读者也许会问，“你的意思是不是说，如果我摊开手掌讲谎言，人们将会相信我？”回答既是肯定的，也是否定的。如果你摊开手掌撒谎，你仍然会使对方感到你不是真诚的，因为你说真话时的许多其他动作不见了，而说谎时的一些负面动作不知不觉地显露出来，这同摊开手掌的姿势是不一致的。上面已经说过，惯于撒谎的人和职业骗子形成了一种使他们的身体语言信号补充其语言谎言的特殊艺术。职业撒谎家越能有效地使用身体语言的伪装诚实姿势，那么，他（她）的职业就越能获得成功。

当然，你可以练习张开手掌的姿势，使你在同别人交谈时显得比较可信。如果在交谈时，把张开手掌的姿势变成习惯性的，那么，撒谎就变得容易了。有趣的是，大部分人发现很难张开手掌撒谎。实际上，使用手掌信号，有助于制止别人可能提供的某些虚假信息，并鼓励他们对你坦诚。

2. 手掌的能量

最不被人们注意，但却是最有力量的身体语言信号就是手掌的姿势。手掌姿势的力量如果运用得正确，可以赋予它的使用者一定的权威，对别人实行无声的控制。

命令的手掌姿势主要有三个：手掌向上、手掌向下和攥拳头的手掌。我们用下面的例子来说明这三个姿势的不同之处。如果你命令别人把一个箱子从房间的一处搬动另一处，你的声调是一样的，所用的词汇和面部表情也是一样的，唯一改变的是手掌的姿势。

手掌向上，用以表示顺从、无可奈何、没有威胁性的姿势，它使人想到街头乞丐乞讨的姿势。被要求搬运箱子的人不会感到有压力。

如果手掌向下，你将具有权威。你向他（她）提出要求的那个人会觉得，你是在命令他（她）搬运箱子，因而会产生敌对情绪。如果他（她）是跟你具有同等地位的同事，他（她）可能拒绝你的要求。如果你采取手掌向上的姿势，他（她）也许会答应你的要求。如果他（她）是你的下级，手掌向下的姿势也是可以接受的，因为你有权这样做。

手掌攥拳，伸出一个手指，好像一根大棒，迫使听话的人屈从于他（她）。伸出一个手指的姿势，最令人恼火。如果你习惯于这样做，最好练习一下手掌向上和手掌向下的姿势。这样会造成一种比较缓和的气氛，对别人产生较好的效果。

法则 4

小习惯成就大的未来

握手方式的个性心理

握手，是现代社会中人与人交往以及办事中一种最为普遍的礼节。除了传统的表示友好、亲近外，还表示见面时的寒暄，告辞时的道别，以及对他人的感谢或祝贺、慰问等等。握手不仅是中国人最为常用的一种见面礼和告别礼。而且在涉外交往中也普遍适用。握手的感觉比一般礼节性要求的内容更丰富、细腻。从握手的方式可以看出一个人的个性心理。

握手时的力量大，甚至让对方产生疼痛的感觉，这种人大多是逞强而又自负的。但这种握手的方式在一定程度上又说明了握手者的内心是比较真诚和煽情的。同时，他们的性格也是坦率而又坚强的。

握手时显得不是很积极主动，手臂呈弯曲的状态，并往自身贴近，这种人大多是小心谨慎、封闭、保守的。

握手时仅仅是轻轻地一接触，握得不紧也没有什么力量，这种人大多比较内向，他们时常悲观，情绪低落。

握手时显得有点迟疑，大多是在对方伸出手以后，自己犹豫几秒钟之后，才慢慢地把手递过去。排除掉一些特殊的情况以外，在握手时有这种表现的人，多内向，并且缺少判断力，做事不够果断。

不把握手当成表示友好的一种方式，而把它看成是例行的公事，这表明此种人做事草率，缺乏足够的诚意，并不值得深交。

一个人握着对方的手，握了老长时间还没有收回，这是一种测验支配力的方法。假如其中一个人先把手抽出、收回，说明他没有另外一个人有耐力。相反，另外一个人若先抽出、收回手，则说明他的耐心不够。总之，谁能坚持到最后，谁胜算的把握就大一些。

虽然在与人接触的时候，把对方的手握得很紧，但只握一下就马上松开了。这样的人在与人交往中大多是能够很好地处理各种关系，与每个人都好像很友善，可以做到游刃有余。但这可能只是一种外表的假象，其实，在内心里他们是十分多疑的，他们不会轻易地相信任何一个人，即使别人是非常真诚和友好的，他们也会加倍地提防、小心。

在握手的时候，显得有点紧张，掌心有些潮湿的人，在外表上看来，他们的表现冷淡、漠然，非常平静，一副泰然自若的样子，但是他们的内心却是非常的不平静。只是他们懂得用各种方法，比如说语言、姿势等来掩饰自己内心的不安，避免暴露一些缺点和弱点。他们看起来是一副非常坚强的样子，因此，在他人眼里，他们就是一个强人。在比较危难时，人们可能会把他们当成是一颗救星，但实际上，他们也十分慌乱，甚至比他人还要严重。

握手的时候，显得没有一点劲，似乎仅是为了应付一件不得不做的事情，而被迫去做的。他们在很多时候并不是很坚强，甚至是非常软弱的。他们做事缺乏果断、利落的干劲和魄力，而显得犹豫不决。他们希望自己能够引起他人的注意，可事实上，其他人常常在很短的时间内就会将他们忘掉。

用双手与别人握手的人，大部分是非常热情的，甚至有时热情过了火，让人觉得难以接受。他们大多不习惯于受到某种限制与约束，而喜欢自由自在，按照自身的意愿去生活。他们具有反传统的叛逆性格，不太注重社交、礼仪等各方面的规矩。他们在很多时候是不太拘于小节的，只要能说得过去就可以了。

把别人的手推回去的人，其中，有大部分都有较强的自我防御心理。他们经常感到缺少安全感，因此时刻都在做着准备，在别人还没有出击但有这方面倾向之前，自己先给予有力的回击，占据主动地位。他们不会轻易地让谁真正地了解自己，假如是这样，使他们的不安全感更加强烈。他们之所以这样，在很大程度上是由于自卑心理在作乱，他们不会去接近别人，也不会允许别人轻易接近自己。

习惯用抽水机般握手方式的人，他们当中大多有相当充沛的精力，能同时应付几件不同的事情。他们做事十分有魄力，能说到做到，且办事干脆而又利落。此外，这一类型的人为人也比较随和、亲切。

像虎头钳一样紧握着别人手的人，在绝大多数时候都显得非常的冷淡、漠然，有时甚至是残酷的。他们希望自己能够征服他人、领导他人，但他们会巧妙地隐藏自己的这种想法，而是运用一些策略与技巧，在自然而然中达到自己的目的。从这一方面而言，他们是工于心计的。

穿衣打扮首当其冲

我们在日常闲聊时，经常会听到有人说“某某人真有气场”，说话人还带着一脸崇拜钦佩的表情。这“气场”是个比较抽象的名词，全靠个人感觉。但我们说他抽象，也并非完全无据可依。假如对方衣衫不整、蓬头垢面，那么还会有人说他有气场吗？我看不会，别人只会说，这人怎么邋里邋遢的，活生生一个要饭的。

衣、食、住、行，这些与我们日常生活联系最紧密的事情中，穿衣打扮首当其冲，可见衣着对于人们的重要性。大文豪郭沫若曾经说过：“衣服是文化的象征，衣服是思想的形象。”由此，我们不难看出，穿衣打扮不但关乎人的外在形象，而且还能够反映一个人的心理。

假如我们事先没有跟别人有过交往，而我们又想在交往中掌握主动权，那么不妨在见面时注意一下他人的服饰。因为一个人喜欢穿什么类型的服饰往往是由人的心理和审美观念决定的，假如我们了解点“服饰心理学”，那么，通过他人的衣着我们就能够得出一些最基本的框架来。

日本可以算得上是全世界最注重服饰文化的国家。他们的平时穿着得体的便装、上班时必定是西装革履，每逢节日又会换上民族服装——和服。根据社会学家的研究，日本人的这种服饰文化正是代表着这个民族的品性：严谨、讲究秩序。

日本著名企业家松下幸之助曾经讲过这样一个故事。

有一次，一位年轻人来松下集团应聘，当人力资源部的人在面试那位年轻人时，幸之助就一直在旁边默默观察着应聘者。

半个小时的谈话下来，人事部的主管很是满意，最后他问这个年轻人一个问题："你的期望年薪是多少？"

年轻人不紧不慢地回答道："1000 万日元（相当于人民币 70 万元左右）。"

人事部主管点了点头，因为在他看来，这样一个有经验有能力的年轻人提出 1000 万日元的薪资期望也并非过分，但是当时幸之助就在旁边，人事部主管就决定先让年轻人回去等消息，他则试探着问老总道："松下先生，你看这个年轻人怎么样。"

主管本以为幸之助会同意录用，毕竟，这样的人才不可多得，但是幸之助的回答却是："让他另谋高就吧！"

"为什么？"主管很是不解地问。

幸之助缓缓说道："不知道你们刚才注意到没有，这个年轻人身上的领带又脏又皱，而且戴领带的方式也错了，一个想拿 1000 万日元年薪的人就应该有一条配得上自己的领带，他戴着的这条领带反映出他这个人对应聘没有全心全意地重视，而且，这个人很有可能是个在工作上不能尽心尽力做到最好的人，这种人才，对我们公司非但没有什么作用，而且很有可能会造成损害。"

主管听完就立刻点头，刚才他也注意到了，只是没有那么在意而已，看来还是老总观察得仔细。

一个人的穿着打扮能够大致反映出一个人的品格，这一点是毋庸置疑的。那么，具体到实践当中，我们该如何通过一个人的穿着看出他的"品格"呢？具体来说，有以下几点共识：

（1）穿着朴素或奢华。一个喜欢穿朴素衣服的人，一般性格比较内向、理智沉稳、勤奋、踏实。相反，一个人如果总喜欢追求流行，爱穿跟自己经济实力相比较奢华的衣服，那么这种人十有八九都是爱慕虚荣，花钱上面大手大脚。

（2）穿着简单或复杂。一个人穿着比较简单说明他对自己很有信心，在生活中比较有魄力，做事干净利索，不拖泥带水。反之，如果一个人穿着太过复杂，两天换三种风格，那么这种人可能就比较注重实际，控制欲也比较强，爱支配别人，自己却不大喜欢被人约束。

（3）喜欢同一款式。什么时候都穿着同一款式衣服的人大多有自己鲜明的个性，他们一般都有强烈的自我意识，爱憎分明，这种人一般比较诚实守信，言出必行，但是往往有些清高孤傲，有时候可能会不大合群。

衣服的不同也能反映出一个人的性格。比如说，喜欢穿西装的人一般都是比较严肃的，性格相对来说也就比较稳定，一般也有很强的事业心。

而喜欢穿休闲装的人一般来说性格比较豪爽，不拘小节，心胸开阔，对自己也很有信心，喜欢不受约束的生活。

现在还有很多人喜欢穿牛仔服，美国的一项调查现实，喜欢穿牛仔服的人一般有着豪爽的个性，跟穿休闲衣服的人很像，但是她们的性格更加外向。

生活中还有喜欢穿马甲和夹克的人。一般来说，喜欢穿马甲的人性格大多比较传统，对时尚的东西没有太多的追求。而喜欢穿夹克的人则代表他有着灵敏的感觉，为人随和、开朗活泼。

另外，一个人衣服的颜色也能反映一个人的性格。社会学家的一项调查结果显示：衣服色彩比较单一、或黑或白的人，个性一般都比较开朗，在交际场上往往能够左右逢源，在哪儿都能吃得开；而那些热衷于穿得花里胡哨的人，很有可能就是一个虚荣爱慕者，他们的穿着使得他们极为突出，透露出一股张扬和爱表现的欲望。

其实，在生活当中，一个人的穿着打扮上有很多细节是可供我们挖掘分析的，除了衣裤，一个人的鞋子、帽子、身上的配饰也能够反映一个人的心境。最简单的一个道理，一个常年四季手表不离手的人时间观念肯定也差不到哪儿去，我们可以进一步推断出，这种人办事一般都比较严谨，很是可靠。

所以，只要我们能够留心观察，在与别人打交道时，第一眼就能将人看个“大概”，有了这个“大概”，我们在与他人的交往当中就能够掌握一定的主动权。

一些人批评今人都是戴着面具在社会上演戏，这话当然不假，社会压力太大，让许多人不敢轻易以真面目示人。但如果我们想做生活中的智者，我也不一定非得揭开人家的面具，在初次见面还不够了解对方时，我们不妨多打量打量对方，一个穿着阿玛尼西服套装的人很有可能被他身上的那条脏旧领带出卖，我们可以通过这条不得体的领带“窥探”一下这个人内心中不为人知的秘密！

理想的书是智慧的钥匙

看书时，人们常常结合自己的思维习惯理解别人的思维方式，用新角度去看待事物，从而提升自己对事物的认识。因而从一个人喜爱看的书，可以分析出其性格心理。

喜欢读言情小说的人大抵有两类：一是初涉世事的懵懂少年，这类人思想单纯，对生活有着理想、单纯的憧憬，易沉浸于小说世界中人物的悲欢离合中；另一类人是已经成年，他们重感情，是感性的一类人，非常敏感，生性乐观，直觉敏锐，通常很快就能从失望中恢复过来，东山再起。

喜欢看通俗读物（如各类街头小报、周刊、八卦杂志）的人：这类人通常富有同情心，乐观开朗，幽默风趣，是颇具幽默细胞的一类人，他们经常会利用巧妙的言辞带给他人欢乐。这种人总有源源不断的趣味性话题，所以经常成为办公室或社交场合中颇受欢迎的人物。

喜欢看传记的人：这类人好奇心重、谨慎、野心大。他们具有冒险精神，但决不冒失，在做出决定之前，他们一定会研究各种选择的利弊得失及可行性，绝不会贸然行事，所以，他们往往能取得预料的成功。但不足的是，过于谨慎使得他们有时会错失一些良机，这不能不说是一种遗憾。

喜欢浏览报纸及新闻性杂志的人（特别是那些喜欢看时事文章的人）：这类人大多属于意志坚强的现实主义者，且善于接受各种思想。他们有自己的原则和理想，但并不会因此而刚愎自用，他们能随时根据现实的需要调整自己，使自己更快地达成目标。

喜欢读漫画的人：他们一般都喜欢玩乐，性格无拘无束，不想把生活看得太认真，更不想因此活得太累，善于自找乐趣。生活于他们而言是简单而富有乐趣的，但他们也因此有游戏人生之嫌。

喜欢读圣经的人：一般而言，这类人大多诚实而勤奋，心地善良，尊重掌握权力的人，容易原谅别人，也容易为了某种利益而迎合别人。

喜欢侦探小说的人：他们勇于接受思想上的挑战，逻辑思维能力很强，长于推理，因而善于解决各种问题，别人不敢碰的难题，他们也愿意去应付。这类人在职场上，常常是不可或缺的实用型人士，也颇得信赖。

经常翻阅财经杂志的人：他们多喜欢竞争，争强好胜，最喜欢把别人比下去，但也因此易招人妒。

喜欢读妇女杂志的人：这类人大多是女性，她们上进心强，渴望成为女强人，希望事事都表现得很出色。在工作和生活中，她们也确实很多时候都表现得强势，但她们的心理压力也很大。

喜欢翻阅时装杂志的人：他们有些虚荣，非常在意自己的外貌，十分顾及面子，在日常生活中会尽力改变自己在别人心目中的形象，若是女性则会花大量的时间放在修饰自己的妆容上。

喜欢读历史书籍的人：他们富有创造力，不喜欢胡扯、闲谈，宁愿花时间做些有建设性的工作，也不会想去参加无意义的社交活动。

阅读习惯的不同

不同的人会有不同的阅读习惯，每次买回一本书或是一份报纸后，有的人可能会把它先放在一边，等闲暇时再静读，但也有的人会迫不及待地马上拿起来读，这其中的差异就是由不同人的不同性格所致，所以通过阅读的状态和习惯也可以对一个人的性格和处事方式进行考察。

拿到一本书或是一份报纸后，不论时间、地点和场合，总是急于看看其中的内容，即使正做着其他的事情，甚至是很重要的事情，也会暂时先放一放。

这种人多是外向型的人，他们做事时总是劲头十足，但不是特别稳定和沉着，这往往妨碍了他们取得很大的成绩。他们的性格大多比较开朗和大方，真诚而豪爽，为人积极乐观，有着充沛的精力和热情，是不甘寂寞的一类人。他们头脑灵活，随机应变能力很强，但是并不善于掩饰自己，喜怒形于色，往往使他人看个一目了然，因而这类人不适合从事保密性的工作。他们的交际能力并不弱，所以他们的人际关系不错，做起事来自然也更顺利。他们工作大胆热情，思想也比较超前，对于新鲜事物的接受能力很强，常常会有一些大胆而实用的想法。但因为他们过于表现自己，有些时候还有些刚愎自用，难免使人觉得他们太爱出风头。

拿到一本书或是一份报纸以后，先将它们放在一边，尽快把自己正在做的工作做好，然后在没有任何干扰的情况将之拿出来，一版一版细细阅读，遇到自己喜欢的内容时说不定还会剪报收藏。

这一类型的人大多属于内向型的人，他们不太喜欢说话，也不善交际，所以人际关系不会很好。但是他们很有自己的思想和主见，常常是不说则已，一说便惊人。他们往往比较现实，不会有脱离实际的想法和做法，自制力比较强，个性独立，办事认真。他们对周围的人一般不是很热情，他们不希望从其他人那里得到什么，也不会很喜欢被他人打扰，常常陷于自得其乐的状态。

拿到一本书或是一份报纸以后，只是先大概地浏览一下，有时甚至从他人手中把报纸抢过来，但也只是瞄一眼就放在一边不看了，因为他们很难静下心来一一阅读。

这样的人大多性格外向，积极而乐观。他们具有一定的幽默感，十分风趣，善于交际，兴趣广泛，不甘寂寞，他们希望自己的生活中永远都有许多人和欢声笑语围绕着自己。他们具有一定的组织能力，但自我约束力差，做事常马马虎虎，得过且过，爱招惹是非。

拿到书或是报纸后随便往一边一扔，等到自己无事可做，或是心情烦闷的时候才把它们拿出来，当作解闷、消遣的手段。

这一类型的人大多性格孤僻、内向、多愁善感。他们处事不果断，工作缺乏决断力，这使他们大多无法成为独当一面的当权人物。他们不善于交际，有点孤芳自赏，自命清高。他们有很丰富的想象力，常因此显得有些不实际。他们善于体察别人，具有一定的同情心，不愿意伤害别人，但思想比较单纯，为人憨厚，容易上当受骗。

从打电话可以了解人的一些秘密

人们在打电话时经常出现的一些下意识的习惯性动作会透露出一些心理秘密，掌握了这些秘密可以使你很好地与他人沟通交流，

一般情况下，习惯手握在听筒的下方的方式是运动员或精力充沛型的男性常见的握法，这种人多半会积极主动地采取行动，且干脆利落，几乎不会在电话中和朋友喋喋不休，是迅速而敏捷地把事情说完后即挂断电话的类型。

习惯用双手握住听筒的人，一旦谈起恋爱很容易受情人的影响，甚至会连性格也整个改变。如果是男性则会有点娘娘腔，很容易因鸡毛蒜皮小事而闷闷不乐。

习惯稍微将听筒偏离耳朵的女性很自信，有点逞强而带有男性化，从事空中小姐或模特儿等职业的女性常见这种动作，而男性中很少有人采取这种握法。

另外，打电话时，无论是习惯用左手还是习惯用右手，人们常常会漫不经心地用一只手拿话筒，以便空出一只手来做其他一些动作。当与对方的谈话越来越兴奋、越来越投缘的时候，这些动作会越来越频繁。若从旁边观察其打电话时的一举一动，所得到的信息或许比电话线另一端所收到的还要多。

一只手拿笔，一只手拨打电话。大多数人在打电话时注意力比较集中，而心不在焉的人经常一边通话，一边用笔信手写出一些毫无意义的文字或符号，这表示她（他）对通话内容已经不感兴趣了，希望这个电话尽早结束。

一只手夹着香烟，一只手拨打电话。当抽烟者正在谈论一个他颇为关切的话题时，你将很少见到他手上还拿着烟卷或烟斗。他常常把它搁在一边，过后再拿起来。在情绪激动时，他会拿起烟来弹弹烟灰。如果他恼火了，会把烟头想象成

他的敌人，会用一种充满敌意的动作将烟按灭。

一边打电话，一边整理衣饰。一对相爱的男女在通电话时会通过他们的身体语言把他们的关系充分显露出来。他们会扶正领带，理理衣服，或拢齐头发等，好像对方就在面前可以看到他的一举一动一样。

一边打电话，一边摆动身体。有些人打电话时的动作幅度比较大，当他在与人通话的过程中听到事情顺利时，身体就会习惯性地前俯后仰或左右摇摆，摆出一副得意忘形之态。但是一旦受到挫折，他的动作就会骤然改变。他会停止摇摆，握紧拳头，用力把桌上的某种东西拿起来再放下去，甚至是砸下去。

笔迹可以看出人的性格

一般而言，人的稳定型行为，比如言谈举止、处理问题的方式等，都表现出人的个性特征。就像每个人的说话方式不同一样，我们每个人的笔迹也不相同。美国心理学家爱维认为：手写实际是大脑在写，从笔尖流出的实际上是人的潜意识。人的手臂复杂多样的书写动作，是人的心理品质的外部行为表现。正所谓“字如其人、识人不如相字”，通过对笔迹的观察，亦可以达到了解对方的性格和心理特征的目的。

笔迹心理学家徐庆元曾经做过这样一场演示：

一位女学员在黑板上写了“红军不怕远征难，万水千山只等闲”两行大字和几个阿拉伯数字，徐庆元观察片刻后说，她的书写速度快，线条流畅，笔触重，这三者是和谐统一的，可以看出这个人快人快语，单纯而不复杂，即便是坏事，也能用积极的心态去看；喜欢直言，批评人比较严，属于刀子嘴，菩萨心；她经历过生活的磨难，像男性般独立；也能包容，有热心，爱帮忙，有慈悲心；她喜欢做亲自动手的工作、技师型的工作，比如医生；但她还有艺术方面的才能，可能要通过业余发展起来。最后，徐先生迟疑了一下，在黑板上写下“文学”两个字。

在场的人都感到十分惊讶，因为被徐庆元分析的这个人，正是作家毕淑敏。了解她的人都知道，她曾在西藏阿里当过军医。毕淑敏自己也说，徐先生的分析还是很准确的。

可见，笔迹与人的性格特征和心理状态确实有着千丝万缕的联系，若能正确认识这种联系，能够很好地促进人际关系的和谐交流。

笔画轻重均匀适中者，说明书写者有自制力，性格稳重，对自己所喜欢的工作能竭尽全力去完成；反之，笔画不均匀的书写者多半是个脾气暴躁、喜欢破坏、妒忌心强、喜欢背后做小动作的“阴谋家”。

笔画过重的人大多比较敏感，笔画过轻的人往往缺乏自信。

字行高低不平的书写者一般是机智或狡猾的人；字迹有棱有角则说明书写者是个意志坚定、观点鲜明且不会改变立场的人，常常会与观点不同者辩论得面红耳赤；字迹圆滑者则是性格随和、办事老练，能一唱百和，善于搞公关工作。

凡是字的上部书写得干净利落，又能紧紧护住下面的书写者，大多有进取心，接受能力强，若培养得当则大有前途。

凡是字体丰润、笔画搭配匀称，书写速度又较快者大多是个理解能力强、忠于职守的人；而在字的结构方面严谨、方正以及点划都能体现力度者是个记忆力强、办事认真的人；字体方圆、长短、大小错落有致者，其适应性及变通能力强，适宜做交际及公关工作。

凡能模仿别人的笔迹又缺乏新意者，可靠性强，但又能独当一面；如果字迹书写得较小，运笔轻重适度，阿拉伯数字写得很美而签字却显得比较拘谨者，是个内藏心机，喜怒不外露且能沉着应付大事的人。

敢于打破常规，另辟蹊径，笔迹求异变形者，是个富于冒险精神的人；字里行间起伏不平的书写者富于外交手段，善于发现别人的弱点；书写时越写越往上者是个乐观主义者，而越写越往下者则是个悲观主义者。

字体大小也是个性的一种表现，字体写得过大的人是举止随便、过于自信和做事比较草率的人，他们喜与人交往，有着极为丰富的社交经验，待人有礼貌，是个爱思考的人，而所呈现出来的气质，有时会出现急躁的倾向；字体写得过小则是有观察力和会精打细算的人，字迹过于紧凑则具有吝啬和善于盘算的性格，他们生性腼腆，不擅长社交，做事有理性，但缺少温暖，对于自己的事情很敏感、怕羞，与别人交往时表现得笨拙，常采取漠不关心的态度，在气质上是内向型的人。

总之，对人们的笔迹进行分析，可以帮助你尽快了解双方的性格特点，增进双方之间的了解和理解，使双方相处融洽。

法则5

相对的优势是运营成功的关键

引用经典书籍作为论证的依据

经典之所以称之为“经典”，是因为它成功地经受住了时间长河的洗礼，被证明是权威的、令人信服的言辞和观点。因此，经典的说服力，毋庸置疑。当然，也正是因为经典有着巨大的说服力，才经常被高明的演讲者作为论据，以增加自己语言的说服力。这种引用，就是说服中的“引经据典”。说服高手善于通过引经据典来获得别人的认同。

2008 年 5 月，俄罗斯新任国家元首梅德韦杰夫到北京大学演讲。他在礼堂内 600 余名北京大学师生代表面前，阐述了未来俄中发展战略合作关系的设想和希望。这位被称为“好引经据典”的元首，在演讲中就不时地从中国的传统文化中引经据典，比如，《论语》中的“学而时习之，不亦乐乎”，还有老子的“使我介然有知，行于大道，唯施是畏”，甚至连中国的俗语也引用到自己的演讲中：“中国有句话‘长江后浪推前浪，世上新人换旧人’。高等学府培养了一代代学者和思想家，他们肩负着科学、经济、政治、文化领域创造新成就的责任。”

梅德韦杰夫引经据典的演讲，为他赢得了北大学子们一阵又一阵如雷般的掌声。日常交流中，引经据典同样有着不可低估的作用。

在与他人的沟通中，要想在对方的心中留下一个好的印象，除了外在的形象之外，个人的文化素质也是一个重要因素。而文化素质则需要通过语言来体现，正确地引经据典，则可以提升自己的语言魅力。当然，在引经据典时，一定要做到把握准确，避免出现低级失误，弄巧成拙。

1. 核实原文出处，不要弄错事实

如果同一句名人名言，可能有许多名家都引用过，那你在引用的时候一定要追根溯源，应该用最早的那位名人说的话。或者某句名言明明是这个人说的，你却把它说成是那个人说的，那就贻笑大方了。引经据典，最忌讳的就是张冠李戴。比如，部尔卫说的“人所缺乏的不是才干而是志向，不是成功的能力而是勤劳的意志”。你就不能把它当作是爱迪生说的，否则就可能导致整个说话过程的失败。再如，某句话明明是老子说的，你却说是孟子讲的，非但很难产生说服效果，甚至连之前大家认同的观点，都觉得你是在“胡说八道”。

2. 正确领会原文，不要孤立其中一段

因为同样是说一句话，原著者的意图可能是讽刺，是反意，当然也有可能乍一看上去是反意，但仔细一品味却是褒义。如果你在引用的时候没有弄清楚原著者的本意，就随意地拿过来用，很容易歪曲原意，这对于说话目的也很不利，容易被人驳倒。因此，在引用之前，一定要仔细分析原文的意思，弄通弄懂之后才能加以引用。比如，有一句经典话是“成功是靠 99% 的汗水 +1% 的天赋”，其实后面还有一句，“但很多时候这 1% 的灵感比 99% 的汗水更重要”，如果只强调前面的一句，就断章取义了。

3. 尽量引用原文，不要越传越错

事实上，随着历史的发展，文化的变迁，经过时间的洗礼，有很多经典的话，如今已经出现了许多不同版本的说法，这就要求我们在引用时，要尽量地引用原文，不要以讹传讹，防止错上加错。

引经据典，可以显示的自己的博学，但在辩论或是探讨中，引经据典要适度，不要过分堆砌名言警句，否则，都是别人说过的话，怎么体现你的观点？没有自己的观点、思想，只推崇那些有思想人的话、写过的书，就谈不上演讲的语言魅力了。

关键事实的认证

关键事实必须满足以下条件：真实、来源可靠、彻底驳倒对方。

关键事实一经得到承认，那么按照逻辑，辩论者只需得出结论，即证明对手的立场是错误的。如果对方继续坚持自己的观点，那么这证明他们已经失去理性，怀有偏见，而且不可理喻。

关键事实可能单个出现，也可能成组出现。比如说，英国某议员要反驳一个观点："外国移民拖累了我国经济"，那么关键事实应该是："国家统计局的数据显示，在过去的一年中，10% 的国民总收入来自外国侨民的贡献"。为了使数据容易为听众所理解，他要马上补充道："这就意味着，他们每年给这个国家的每个男人、女人和孩子 1600 英镑"。他最好再列出一组关键事实："国外侨民为英国经济所做的贡献相当于七个北海油田之多"。并且再加上一笔："这些侨民向国库支付的税收比他们的索取要多得多，去年他们就多付了 26 亿英镑。"经过这组论述，听众可能并不相信这组事实的数据（尽管他们这么做没有什么理由），但只要他们真正接受了这些事实，他们就必须会得出结论：国外侨民并不是英国经济的负担。

面对那些态度中立、甚至怀有敌意的听众，你应该直截了当、毫不掩饰地使用关键事实。你要提醒听众，下面你将给出关键事实，并要求他们注意听好。你可以说"你们经常听说 ××，这是不对的。下面我就要反驳它，事实是这样的……××与事实相去甚远，实际情况并非是 ××"，你要尽量重复"事实"这个词，它可以帮你赢得听众的尊重。"事实表明"比"统计数据表明"或"科学证明"

来得更有效，而上述说法又远远优于“专家证实”。

但是，面对比较友好的听众应当在不知不觉中向他们灌输关键事实，等积累到一定程度，他们突然会意识到自己已经“中招”，这种做法的效果更佳。如果你的关键事实正在挑战听众的传统思维，那么上述方法就显得尤为有效。本书的附录中有一篇大卫·莱姆斯波萨姆爵士的演说词，他很好地运用了这种方法，你能否找出其中的关键事实。

如前所述，只有某个事实的结论具有必然性，这个事实才能成为关键事实。科学家始终在寻找这样的事实。甚至有人断言，科学理论的发展就是为了使普通事实转变为关键事实：溶液颜色变红，那么该溶液必然是酸性溶液。你很难找到如此绝对和完美的事实，很多时候，你不得不依靠一个有缺陷的事实。所谓有缺陷，是指它可以破坏对方的观点，但却无法完全将其摧毁。一个关于有缺陷事实的范例是，你针对对方的一般命题提出了单一性的反例作为回击。例如，你要反驳“女人永远不可能成为强有力的国家领导人”的观点，你可能脱口而出“玛格丽特·撒切尔夫人”。根据形式逻辑，这的确是一个关键事实（它的确推翻了这种普遍论调），但在日常生活中，它只能算是一个有缺陷的事实。因为对方仍然可以称撒切尔夫人为“例外”。如果你给出更多的反例，如甘地夫人、庇隆夫人以及武则天、凯瑟琳女皇、伊丽莎白一世、圣女贞德等，那么这一缺陷将越来越深，深到无法收拾的地步。

无论你所引用的事实是关键的还是有缺陷的，你都必须保证它是真实可信的。关键事实应该与辩论主题有关，而且要说明对方的真实观点，而不是你自己杜撰的观点。

激起对方的巧设悬念

在与说服他人时，巧设悬念是很最常用的一种方法。说话者“故弄玄虚”，布下疑阵，给别人造成一种猜疑和紧张的心理状态，使人在心理上掀起层层波澜，激起别人急于知道答案的欲望，最后再用关键性话语一语道破，让人恍然大悟。

古人云：“文人看山不喜平。”大多数人都是这样评价说话高手的：“看，他多有智慧。”“看，他一开口就妙语连珠，表达观点的方式非常新颖，总能让你有意想不到的发现。”这就是设置悬念表现出来的说话效果。

苏州园林网师园有一个“月到风来亭”，此亭傍池而建，面东而立，亭后装有一面大镜子，将前面的树石檐墙尽映其中。

有一天，一名导游带领游客到此游览时，这位导游对大家说：“每当皓月当空的夜晚，在这里可以看到三个月亮。”此话一出，引起了众游客的极大好奇：天上一月，池中一月，怎么会有第三个月亮呢？当游客的脸上露出迷惑不解的表情时，这位导游才一语点破：“第三个月亮在镜中。”

众游客顿时恍然大悟，被这位“卖关子”的导游逗得大笑了起来，高兴之余还赞叹大镜子的安置之妙。

巧设悬念，也就是“卖关子”，“吊胃口”的意思。说话者用一本正经的语气来制造玄虚的悬念，使听者产生紧张的期待心理，并极力思考、琢磨、判断。最后，说话者突然说出对方意想不到的结果，而结果又在真与虚之间。这时，对方的思维在这虚实、张弛之间被带乱了，对对方的观点无力辩驳。

一天，有个香烟商人在一个集市上大谈抽烟的好处。突然，一个老人从人群中走出，径直走到台前，让那位商人吃了一惊。

老人在台上大声说道："女士们，先生们，对于抽烟的好处，除了这位先生讲的以外，还有三大好处哩！"

商人一听老人说的话，马上向老人道谢："谢谢您了，先生，看您相貌不凡，肯定是位学识渊博的老人，请您把抽烟的三大好处讲给大家听听吧。"

老人笑了笑，说："第一，狗害怕抽烟的人，一见就逃。"台下一片轰动，商人暗暗高兴。"第二，小偷不敢去抽烟者家偷东西。"台下连连称奇，商人更加高兴。"第三，抽烟者永远年轻。"台下听众惊作一团，商人更加喜不自禁，都要求老人解释一下这是为什么。

老人把手一摆，说："请安静，我现在就给大家解释。"

商人格外兴奋地说："老先生，请您快讲。"

"第一，抽烟人驼背的多，狗一见到他以为是在弯腰捡石头打它呢，能不一见他就逃吗？"台下许多人笑出了声，商人吓了一跳。"第二，抽烟的人夜里爱咳嗽，小偷以为他没睡着，所以不敢上他家去偷东西。"台下一阵大笑，商人大汗直冒。"第三，抽烟人很少有长命的，所以没有机会衰老，能不永远年轻嘛！"台下哄堂大笑。

此时，大家去找那名烟草商人，发现他早就不见了踪影。

上面这则故事一波三折，层层推进，把听众的思绪一步一步推向迷惑不解的境地，在把听众的胃口吊得足够"馋"时，才一语道破天机。按照常规思维，抽烟是应该遭到反对的，当老人走到那名大谈抽烟好处的商人旁边时，一般人认为老人要提出反对意见，谁知老人却也是大谈抽烟的好处。商人和听众一样大惑不解，因而急切地想知道原因。最后，老人以幽默的话语作了妙趣横生的解释，既让听众开心，又让听众从商人的欺骗性的思维里走出来，意识到抽烟的危害性。

要注意的是，在说服别人时，设置悬念也是需要技巧的。一定要做好充分的铺垫，不要急于求成。你所说的话要让听者对结果产生错误的预料，然后在听者的急切要求下再将"谜底"揭露出来，给听者一个思考的时间，这样听者就能更加深刻地领略话中的奥妙了。

讲故事可以引起情感共鸣

我们在解决问题的时候，可以用逻辑、用理性，然而，当我们要去影响别人、让他们认同我们的时候，除了逻辑，我们还需要故事。因为只有故事，才能达到共情、建立人与人之间的链接、让他们站在你这边。

因为人类有一个弱点：不愿意接受现成的“答案”，人们更喜欢自己通过某种途径去思考，然后自己悟出答案！所以，你要讲故事让他去思考，他的感受会更深刻！

古时候，犹太人流传着这样一则故事：

真理，她一丝不挂，饥寒交迫。村里没人肯收留她。她的赤裸让人们不寒而栗，不敢直视。

寓言，发现了真理，见她蜷缩在一个角落里，战栗着，饥肠辘辘。寓言心生怜悯，扶起她，将她带至家中。

寓言用“故事”这件外衣，把真理严严实实地装扮起来，待她暖和过来，将她送出门外。

身披故事的真理，再次叩响了村民的大门。人们见她不再赤裸，马上将她热情地迎进门，并且丰盛招待。后来，家家户户纷纷邀请真理到家中喝茶做客，把屋里的炉火烧得旺旺的，把可口的美味捧出来，她们以能够邀请到“真理”为荣！

是的，真理，有了“故事”这件外衣才有力量！

在你想说服别人的时候，没有比讲故事更有效的方法了。有时候真话会刺痛别人，需要你用故事来包装你的真话，因为故事没有那么直接，更婉转。

运用故事思维，实际上是将道理、事实、需求等必要信息，从多个维度丰富起来，关注人们的情感因素，关注细节，让人们能够从听觉、视觉、情感、想象等多方面来共同体验，得到更真实丰富的多层次的感知。这些融入信息的故事与单纯的信息之间的差别，就如同交响乐的丰富层次的听觉享受之于单一乐器的听觉享受。当人们得到多维的丰富感知时，更容易体验到“身临其境”的认同感，也就更容易接受随之产生的影响。

我国古人很懂故事思维，触龙说赵太后的故事，就是一个非常成功的运用故事思维的例子。

战国时期，秦国攻打赵国。赵国向齐国求援，齐国要求以赵太后的小儿子长安君为人质。赵太后宠爱小儿子，拒绝要求，并拒绝大臣的劝谏。

触龙面见赵太后时，没有开口就强行劝谏，他理解赵太后的做法都是出于爱子心切。于是他先询问赵太后的身体状况和饮食，这种诚恳的关心让赵太后的抵触情绪缓解下来。紧跟着，触龙提出提携自己儿子的要求，这让赵太后产生了“可怜天下父母心”的认同感和亲切感，放下了怒气和敌对情绪。

随后，触龙提出“爱护子女就要为子女从长远考虑”的观点，并拿出其他王侯子孙没能维持长久富贵的例子做解说，委婉地道出长安君到齐国为质这件事对赵国和长安君个人将来的意义和长远的好处。触龙的话，都是从赵太后自身的角度和利益出发进行考虑，这种同理心让赵太后顺利接受了他的劝谏。

赵国的其他大臣都直言劝谏，没能说服赵太后，因为他们只注重道理的正确性，却忽略了赵太后作为一个母亲的个人情感因素，把国家利益与赵太后的情感对立了起来，形成矛盾。触龙采取讲故事的方法，对症下药，从赵太后的个人健康和母子感情角度入手，把互相对立的劝谏关系，转化为情感的理解和引导，帮助赵太后把情感与国家和子女的利益统一起来，化解了矛盾，顺利达成劝谏目的。

说服高手都善于通过讲故事来阐述自己的观点，用故事打动人，用故事提升说服效果。当然，好的故事除了有趣、有料外，还要有如下几个特点：

1. 篇幅很小

现在的人们生活节奏加快，听故事的心态和审美不一样了。同样是半个小时，过去你可以像说书一样，讲一个很长的故事，或者只讲故事的一个开始，人们也会饶有兴趣地倾听。现在，现在很少有人会耐着性子听你“说书”。平时，讲故事不要长篇大论，最好三两分钟讲完，讲的时间长了，对方会逐渐失去耐心。比如，20 分钟的交流，你用 15 分钟来讲故事，即使故事很感人，很精彩，那你怎么来陈述你的观点？故事讲得好不好，不只在于情节，也在于篇幅。

2. 能听懂话语

小刘出国待过一段时间，英语有了一定的长进。回国后，经常参加一些朋友圈的活动，他说话的最大特点，就是“中英结合”。一次，他讲起自己在国外的经历时，喜欢每句话中都掺杂一些英文单词，如：我那时觉得这个 idea（主意）很 nice（不错），所以我就 Call（打电话）他……自己觉得这样说话很有范儿，很时尚，其实大家的意见很大：洋不洋，土不土，这也算一种语言风格吗？

讲故事不能像说书，故事除了要简短，还要通俗易懂，在情节与语言的编排上不要一味追求新、奇、特，不要过分包装你的故事。否则，最后搞得大家都听不懂，或是理解出现偏差，那这个故事就讲烂了。这就像有些人讲话，总是爱用一些时髦的，或很显水平与档次的词语，结果说出的话不伦不类，让人觉得怪怪的。

3. 要牢记在心

什么样的故事最容易让人记住？肯定情节是简单的。再长、再曲折的故事，其实都可以浓缩成一个小故事，即把故事的几个要素表达清楚，适当丰富一下情节，故事就很完整了。在演讲时，不要把故事往复杂、啰嗦了讲，你讲的越简单，听众越容易记。比如，你讲到自己经历的一件事，不要做太多铺垫，情节也不要展开来讲，也不要牵扯太多的人物，把主要情节交代清楚就可以了，否则，听众抓不住重点，还可能觉得你说话绕。

4. 产生共鸣

故事一定要符合对方的口味，讲过之后，要能够引起对方思想或情感上的共鸣。这样的故事就是好故事。那什么样的故事最容易引起人们的共鸣呢？肯定是有杀伤力的，有杀伤力的故事主要有三种：悲伤的故事、高兴的故事、感人的故事。

想让别人信任你，首先要让他们知道你是谁，你的故事。讲好故事，才能抓住说服的魂——故事可以从逻辑上串联起点、线、面、体，只有点、线、面、体都有了，那你展示的就不再是一个抽象的观点，而是一个丰富的世界；故事可以渲染主题，可以隐射观点，可以引发共鸣，当把故事放在一个特定的氛围中去讲，更能增加语言的高度、厚度、深度和力度。

可以说，任何想要说服别人、激发对方情感的场合，你都需要故事。以故事喻理，以故事煽情，不但会提升语言的感染力，也会起到很好的启示、说服效果。

避免抬死杠

当你试图劝说一个人去做某事时，最好先问问自己："如果是我，我会在什么样的条件下才去做？做这件事，会让对方得到什么好处？"

在日常的交往中，善解人意的人总能够赢得人们的喜欢与信任，因为他们能够站在对方的立场上，设身处地地为对方着想。基于这种情况，在想改变他人想法或观点的时候，如果能够站在对方的立场上，为对方的利益打算，势必会取得事半功倍的效果。

卡耐基每季都要在纽约讲授社交训练课程，并且，他会在同一家大旅馆租用礼堂，每次租用 20 个晚上。

有一个季度，当他把入场券印好散发出去就要开始授课时，忽然接到旅馆经理的通知，要求他付比原来多三倍的租金。

为了保证授课的顺利进行，卡耐基决定去与旅馆经理交涉。去之前，卡耐基先认真地想了想：通过加租他们得到了什么，又失去了什么？怎样才能说服他们呢？两天后，卡耐基走进了旅馆经理的办公室。

"我接到你们的通知时，有点震惊。"卡耐基开门见山，十分客气地说道，"不过这不怪你，假如我处在你的位置，或许也会写出同样的通知。你是这家旅馆的经理，你的责任是让旅馆尽可能地多赚钱，不然，你的位置将会被别人取代。但是加租在对你们有利的同时，也给你们带来了损失。"

"先讲有利的一面吧。"卡耐基说，"大礼堂不用来讲课，而是用来举办晚会、舞会之类的活动，那你就可以大大获利了。因为这类活动举行的时间一般不长，并且，每举行一次都会收到很高的租金，这比租给我可要有利得多。”

“这我知道，”经理说，“但我不明白，我们的损失又在哪里？”

“你增加我的租金，实际上是降低了收入。因为你把租金提高了，我就会找别的地方举办训练班，这对你们来说是不利的。你想想看，我举办的这个训练班，每次都吸引成千上万的有文化、受过教育的中上层管理人员到你的旅馆来听课，这对你们来说，难道不是起了不花钱的活广告作用了吗？试想，即便你花 5000 元在报纸上登广告，也不可能邀请这么多人亲自到你的旅馆来参观，可我的训练班却给你邀请来了。这难道不是很合算吗？”

“请仔细考虑后，再给我一个答复吧。”说完，卡耐基便告辞了。

经理认真思考了卡耐基的话，最终让步了。

在整个的谈判过程中，卡耐基始终没有谈到自己想要什么，而只是站在对方的立场上，关心对方的利益得失，最终说服了对方，也达到了自己的目的。

可以设想，如果卡耐基气势汹汹地跑进经理办公室，提高嗓门与经理大声争吵，势必不会取得令人满意的结果。就算他争辩胜利了，旅馆经理自尊心受到伤害，也不会收回加租的决定，这对双方都是不利的。

无独有偶，战国时，李斯也是靠站在对方的立场上谈利益得失，说服秦始皇收回“逐客令”。

战国时，秦国由于地处周王朝西部国境，连年战争不断，导致秦国本地人文化水平不高。所以秦国的高层一般由其他六国人担任，引起了秦国本土势力的深深不满。

有一年，秦国有个叫郑国的韩国水利工程师，在秦国当间谍被抓了。这就给秦国本土势力一个很好的借口。

他们向秦始皇进言，说：“只要不是秦国人，就根本不会爱秦国。更别提他们能真心诚意地效忠秦国。所以，应该把所有的六国人统统赶走。”

李斯是楚国人，也在被驱逐之列。他听说这件事后，就对秦始皇上了一封奏书，说：“现在将秦国高层中的六国人统统赶走，这些人就只能回自己的国家，被自己的诸侯国所用。秦国对六国人的态度如此，想要来秦国效忠的六国人裹足不前。这样，其他诸侯国就得到了大量的人才，秦国会失去大量的人才，这不是给别国送武器粮食来削弱自己吗？削弱自己也就罢了，被驱逐的人不免心生怨怼，被其他诸侯国用来对付秦国，到时候秦国还能完成统一大业吗？”

秦始皇听从了李斯的建议，撤回了“逐客令”。

李斯眼看就要被赶走，他明白秦始皇想要统一中国的理想，上奏书提出逐客对秦始皇实现统一大业的危害，即站在对秦始皇有利的观点上说的。

劝说别人的关键，就是要设身处地地为别人着想，了解别人的想法与观点。如果一味地从自己的角度出发，往往会陷入抬死杠的陷阱。毕竟，你自己怎么样，和别人没有什么关系，只有站在对方的立场谈利益得失，让他相信“听我的，对你更有利”，才会避免在“操纵”他人的过程中各讲各的理，谁也下不了台。

可控的选择题

在日常生活中，我们经常需要去说服别人做一些事，或者在意见不合时，想让别人听从我们的意见，这时，如果提问对方的时候，以选择题代替是非题，会产生非常好的说服效果。

许多人都有这样的体会，当自己在麦当劳点餐时，若告诉服务生：“我要一个汉堡、一杯可乐。”

服务人员回应说：“是！您要一个汉堡、一杯可乐。另外，请问要中薯（薯条）还是大薯？”

于是你接着回答：“中薯吧！”

这就是非常高明的“说服术”，对方不问你“要不要薯条”，而是要你在两个答案之间做一个选择：“中薯还是大薯呢？”

在说服时，如果存在多种选择，或者犹豫不决时，作为说服者，你可以采用故意缩小选择范围的提问方式，来让对方做出你预期的选择，这种方法也叫封闭式提问，只让对方回答“是”或者“不是”，来达到你问话的目的。比如你希望约见一个人的时候，如果你只是问对方有没有时间，那么对方的回答只能是“有”或者“没有”。

而你要是问到对方：“你是明天有时间还是后天有时间？”那么对方一定会顺着你的思路来回答，答案可能是“明天下午吧”，或者“下周”。这样，你就掌握了主动权。

再如，你去吃板面，人家问你“加两个鸡蛋还是一个鸡蛋”，你说“要一个吧”或者说“要两个吧”。其实你可以选择不要，但他没有给你这个选项，当时只给了你两个选择，你就会下意识地把其他的忽略掉，然后你就进“坑”了。

在实际生活中，我们经常会深陷这种套路之中，领导想激励你努力工作，他会先让你做一道选择题：

A：人生前三十年很辉煌，后三十年很落魄。

B：人生前三十年很落魄，后三十年很辉煌。

你会选择哪个？ 90% 以上的人都会选择第二个，因为人到老年再很落魄会让人难以接受，但前面还年轻就没事，虽然都是三十年，但使用好了给人的感觉是不一样的。

其实，领导知道你肯定会选 B，所以，设定了这么一个框架。当你选择了 B，也就说明你认可了 B 表述的观点，这也正是领导要说服你的一个论点。而且，他已经为这个论点准备了充分的论据，所以作为下属，你一旦选择了 B，也就意味着你已经被说服了。

在说服他人的过程中，我们也要学会使用这种逻辑，能问封闭性的问题，不问开放性问题，能让对方做选择题，不让他做是非题。你如果在向顾客推销一种商品，最好不要问“你要不要买”，应该问：

“你喜欢 A 款还是 B 款？”

“你要二个还是三个？”

同样的道理，像“有没有空”，“有没有时间”，“去不去”……这样的问题要尽可能少问。像问一个人去不去看电影，你会得到两个答案：去或不去；要问：“我们周六去看电影还是周日？”给他一个机会选择。

在使用这种说服方法时，要注意哪些问题呢？

首先，要注意使用时间。一般，在说服没有进入最后阶段，不要动不动就让对方做选择题。因为这个时候，对方不知道你要和他沟通什么，你表述的观点是什么，或者说，他对你还没有产生兴趣，你突然问他“你打算什么时候买保险”，“你是今天定签单，还是明天签单”，会显得很唐突，如此，只会碰一鼻子灰。所以问二选一的问题要讲究时机和顺序。

其次，在对方缺少回应的时候，要用封闭式问题打开话题。你表达一个观点，对方没有回应，或是不感兴趣，那再聊下去就会把问题聊死。这个时候，要会提问，可以问："有人说这个问题可以这样看……有人说应该这样来理解……你的观点呢？"如此，就把话题聊活了。

所以，高明的人在使用操纵术的过程中，善于给对方出一道答案相对可控的选择题，以引导对方的思路顺着自己的逻辑走，从而改变他的观点或做法。

法则 6

智者创造机会，强者把握机会

谨防信息的不对称

信息分为对称信息和不对称信息两种。对称信息是指双方都对对方的情况有一些了解。比如在商品市场上，买主了解卖主所掌握的有关商品的信息，卖主也掌握买主具有的知识和消费者偏好，这就是对称信息；如果一方对另一方的情况并不了解，这就是不对称信息。比如，病人被医院误治，想要状告医院，那么，他掌握的医院信息寥寥可数，就是不对称信息。

在博弈之前，如果你对对方的重要信息一无所知，那么开局必定被动，既谈不上从容不迫，更无法去获得博弈的最优结局。

从前有一个人虽然勤奋刻苦，但是大脑有些愚笨，因此生活拮据，并且还欠了别人很多的债务。大年三十又是讨账的时候，于是这个脸皮薄的人只好到外面去躲债。

他来到了一个旷野处，无意中发现了一个小箱子，里面装满了珍贵的财宝，这个人心中一阵狂喜。“也许是老天助我吧。”他想到。就在他伸手打开一个化妆盒时，他看到上面有个铿亮铿亮的玻璃，玻璃中竟然有个人在对着他看。他感到非常惊恐，急忙跪下来合掌行礼道：“我以为这是别人抛弃的箱子，没想到这是你的。既然你在箱子里面，我就走，请您不要见怪。”

这位愚人就是对镜子的信息似乎不知的人，明明是自己的影像却当成是他人。正是因为他对镜子的信息不对称才有了这样可笑的一面。

在为人处世中，不但要看清自己，也要看清他人。特别是在危急关头，要看清他人的弱点，想办法把对方置于信息不对称的一方。这样你才有博弈的优势。

在京剧《过韶关》中，伍子胥为了逃脱楚平王追捕，先奔宋国。因宋国有乱，又投奔吴国，路过陈国。在逃亡途中，伍子胥面对是莫测的风险，可是，伍子胥却运用自己的机智战胜了这些困难。他了解到了那些追捕他的官兵天高皇帝远，对朝中之事并不十分明晰的情况，利用对方的信息不对称逃出了虎狼之口。

相传，在逃亡途中，伍子胥在边境上被守关的士兵抓住。士兵对他说："你是朝廷重赏捉拿的要犯，我必须将你抓去面见楚王！"

机智的伍子胥沉着回答道："楚王确实正在抓我。但是你知道楚王为什么要抓我吗？"此时，伍子胥发现对方的确对抓他的原因不清楚，于是灵机一动，哄骗对方说："其实，楚王抓我是因为我有一颗价值连城的宝珠啊！因为有人跟楚王告密，说我有一颗宝珠。楚王一心想得到。可我的宝珠已经丢失了。楚王不相信，以为我在欺骗他。我没有办法，只好逃跑。"

毫无疑问，士兵并不太相信，他冷笑说："宝珠丢了，至少我还抓住了人，楚王还是会有奖赏的。"

伍子胥摇头说："不，现在你抓住了我，还要把我交给楚王，那我会说你抢走了宝珠，我亲眼看到你把宝珠吞到肚子里了。那么，楚王为了得到宝珠一定会先把你杀掉，并且还会剖开你的肚子寻找宝珠。这样我活不成，而你会死得更惨。"

士兵还是不太相信，但仔细想想，觉得没必要以命相搏去换取那一丁点儿的奖赏，于是赶紧把伍子胥放了。伍子胥终于脱险，逃出了楚国。

生活中，很多时候，由于主客观各种原因，一个人无法掌握对方更多的信息，因此就造成了不对称信息。在士兵与伍子胥的博弈中，本来，伍子胥一个流浪逃亡的人是处于弱势的，士兵可将其手到擒来。可是他却被伍子胥蒙骗了，就是因为他对伍子胥的信息掌握不对称所致。从客观方面来看，因为士兵居住的地方偏僻，没有掌握多少伍子胥被追捕的资料，所以很容易被伍子胥所骗。从主观方面来看，因为他相信在楚王面前伍子胥当然比自己有说服力，于是在无法求证伍子胥说的是否是谎话的前提下，放过了伍子胥，造成了他的被动局面。总之，这些主客观方面的原因导致士兵对伍子胥信息的不对称性。

在生活中，我们也会遇到像士兵这样的局面。比如，我们去买东西，往往并不知道商品是否有严重缺陷的信息。之所以出现这种状况，无非是因为交易商品质量高低属于卖方的私有信息，那么，卖方比买方更有主动权。在这种情况下，我们的博弈就很被动。因此，在博弈的过程中，对于双方来说，谁拥有对方或者客观环境的信息越多，越有可能做出正确决策。

伍子胥与士兵的博弈中之所以能够获胜，显然伍子胥是掌握了士兵充分信息的人：他知道士兵是一个在远离国都的偏远地界的小官吏；通过谈话他更了解到了士兵对于抓他的原因并不了解；而且，这个小官吏对于楚王的所作所为更不可能了解。因此，伍子胥就编造了有利于自己的故事来蒙骗对方，命运就此起死回生。

另外，即便是博弈中暂时处于主动的一方，随着事物的变化，也会变成被动的一方。

在《过韶关》中，伍子胥虽然顺利逃离了自己的国家，可是他在过韶关时却一夜急白了头，因为他对昭关的信息掌握就是不对称的。昭关在两山对峙之间，前面便是大江，形势险要，并有重兵把守，伍子胥想要过关真是难于上青天，竟一夜急白了头。幸好后来名医扁鹊的弟子东皋公的巧妙安排，伍子胥才得以巧妙过关。

由此可见，在博弈中人们很多时候都处于不完全信息的博弈中。在信息不对称时，要注意借助他人的力量让自己成为信息对称的一方，就会有胜算的把握。

注意隐藏弱点

在博弈的过程中，策略暴露就意味着失败。当一个策略或者说一种为达到目的而采取的手段如果被识破，那么这种策略或手段必然是无效的。就如自己有一杆枪，而子弹却在对方手里一样，会带来意想不到的损失。

“二战”期间，法国部队一位炮兵排长的妻子就是因为对朋友毫不设防，无意中泄露了丈夫的军事信息。结果，不仅给丈夫带来了灾难，还造成士兵很大的伤亡。

这位炮兵排长的妻子有位女友是集邮爱好者，这位女友常把自己积攒的邮票带来给她看。炮兵排长的妻子从未见过那么多漂亮邮票，看后她赞不绝口，那位善解人意的女友就送给她一些。渐渐地，炮兵排长的妻子也开始喜欢起集邮来。她每天收到丈夫情意绵绵的书信后就急忙把女友叫来，一起把那些精美的邮票拆下来，并和女友分享自己的欣喜。

但是，突然间，丈夫的信中断了。而且要好的女友也不再来看望她了。

许多天后，炮兵排长的妻子接到了一封占满血迹的信。她急忙撕开，信上写道：

“……真是活见鬼了，最近半个月以来，不论我们转移到什么地方，德国人的炮弹就像长了眼睛似的总能找到我们。我们的损失很大，我也负了重伤……”

炮兵排长的妻子被这突然的打击击倒了。不知过了多久，她从昏厥中醒来，一眼看到信封上的邮票。她猛地坐起来，失声惊叫：“上帝啊！”

战争期间，任何环节的一点小疏忽就可能会付出血的代价。这位炮兵排长的妻子在和德国特务的博弈中输掉，就是因为她对所谓的“女友”毫不设防，不懂得保护那些对自己重要，对丈夫重要，对法国部队更重要的信息，结果被敌人钻了空子。

同样，在商战中，如果不注意保密，限制那些不利于自己的信息，也会给自己的利益带来损失。

1985 年 8 月 5 日，《经济参考》根据国家物资局综合管理司的资料，报道了 1985、1986 年锦纶帘子布将供不应求的详细情况。当时，中方正与日本厂商洽谈购买锦纶帘子布，其中一家日本厂商已接受中方提出的价格。就在这个时候，报纸发布这样详细的报道，给外商帮了大忙，使中方处于十分被动的地位。

身居高位的人，最忌别人察言观色并判断阴晴寒暑、雨雪风霜。“谋成于密败于泄，以谋保密谋更密”。无论是领导一个公司、领导一个政党或是带兵打仗，最需要的是让人们摸不透指挥者的心思。如兵法云：兵不厌诈，虚则实之，实则虚之，能而示之不能，战而示之不战。如果你不能“推行诡遭”，不懂得“心藏九天玄机”，你就难以做到含而不露。你的观点、主张、决策、布置就容易被敌手掌握，这样，你就只有等着葬送自己了。所以，应该注意限制不利于自己的信息外漏。

三国时，曹操有一次在水阁宴请百官。时值盛夏，他吩咐侍妾用玉盘进献西瓜。一小妾捧着盘子低着头进瓜。曹操问：“西瓜熟吗？”小妾随口回答：“很熟。”曹操闻听大怒，下令把这个小妾推出斩首。之后又吩咐别的侍妾进献西瓜。其中一小妾大起胆子走上前献瓜。这次，这个小妾的回答是“不生”。结果，又被斩首。

这时侍妾们都战战兢兢，没有人再敢进献。其中有个名叫兰香的小妾，很善解人意为。于是，“兰香高擎玉盘”进献西瓜，曹操又问：“西瓜味道如何？”兰香回答：“很甜。”可是，没料到，兰香竟然也被曹操杀害。难道兰香的回答也不对吗？

按曹操的解释是：前面的两个小妾不知道进献西瓜要把盘子捧到和眉毛一样高，而且在回答问话时，所用的都是开口字（古代讲究：女子在大庭广众之下说开口字是一种有失礼节的行为）。她们太笨了！可是，这些“规矩”兰香都没有触犯，为什么也无辜遭斩呢？原来，曹操太多疑了。在他看来，正是因为兰香太了解自己的心意，因此，把她斩了是免得日后成为自己身边的祸患。

曹操滥杀无辜的确有些过分了，可是他的心思是天机不可泄露。一旦自己的心机被他人看破，无异于失败。

这个故事也提示我们：在博弈中，任何信息的效用有赖于其独享性，如果一个信息被充分共享的话，它的优势和效用就被“磨光”了。常常把不利于自己的信息暴露出来的人其实是愚蠢的人。

特别是在信息发达的社会，如果不想被别人利用，就要记住，永远都不要把自己的信息暴露在别人的眼皮子底下。这应成为博弈中人们必须牢牢记住的一条重要的规则。因此我们必须学会保密，不让对手获得任何可能识破自己博弈的任何信息。

人生如战场，在为人处世的博弈中，也要懂得掩藏不利于自己的信息。要懂得如何包装自己，伪装自己，把自己的弱点深深地掩藏起来。这才是具备成功素质的人。

在恋爱中，我们都知道，每个人都想展示自己个性中最好的一面，掩盖糟糕的一面，即便是最邋遢的家伙在约会场合也可以摇身变得衣冠楚楚，这就是限制那些不利于自己的信息。虽然，他们的缺点不可能一辈子隐藏，但随着关系的进展，对方对你了解后，很可能不再十分计较缺点，而将优点放大，于是就赢来皆大欢喜的局面。

如果在恋爱一开始，对方还没有充足的心理准备时就把不利于自己的一面暴露无遗，对方是很难接受的，因为这和他们的心理预期实在相差太大。因此，只有有了良好的第一印象，关系才可能取得进一步的发展。

不论在生活还是在工作中，要限制不利于自己的信息发布出去，首先要做到信息保密：

1. 不漏泄

当你在公司里工作了一段时间，多多少少也会知悉一些秘密，这些秘密可能是公司的企业机密，因此，要注意保密。譬如，你是办公室人员，可能较早知道公司会增设某部门，早知某人有离职之意。如果不注意保密，随口说出，他人可能会捷足先登，取代其位。因此，不要小看这些秘密，这往往可以让你较其他人更快更准确地掌握到公司的脉搏。因此，作为一名办公室人员，就不应斗胆轻易将机密外泄。

2. 机密文件储存

另一种信息泄露的情况是平时的警惕心不够强或是欠缺敌情意识。多数人对办公室的一般性文件，处理态度往往不够慎重，这种情形最容易给对手可乘之机。比如，公司的员工名册，对内不是什么机密，然而一旦被有心人获得，就可以据此推敲出公司的部门配置或管理手段。那些看起来毫不起眼的细枝末节，或许正是竞争对手极欲获得的珍贵情报。因此，只要是流通性的文件，都应慎加保存和适当处置。还有一些重要的资料，诸如顾客名录、原料采购记录等，更是绝密文件。对于这些机密文件，员工必要时可利用碎纸机加以毁灭。

3. 管住好自己的嘴

生活中，很少有人真的可以百分之百保守秘密，大部分人会有把秘密向他人倾吐的欲望。

可是，许多人在博弈中处于被动，就是因为自己的嘴巴惹得祸。特别是在商业谈判中，许多人就是因为多嘴多言，洽商时的无心之言或者闲聊时的个人评断等，就会无意泄露了工作上的信息或他人的隐私，这些信息将会成为竞争对手攻击的利器。

同时，也给自己的人际关系带来了很大的障碍。因此，一定要管住自己的嘴巴。否则，讲得多了，你守信的能力会大打折扣。

4. 知道的事越少越好

如果你本身就是个话匣子，管不住自己的嘴巴，也不能很好地自坚守秘密。那么，最好不要去听太多秘密。不论是同事偷偷告诉你的，还是当事人在不经意中透露出来的，都要少听，而且要尽量少去那些容易招惹是非的场合。

5. 局外人的诉说

假使自己不可避免地知道了太多秘密，又不能向同事透露，但又禁不住那份诉求的冲动时，你不妨找一个毫无关系的外人，把你所知道的全部都告诉他。这样，既减轻了自己的压力，又不会让秘密在公司里内泄。

天机不可泄露。在与对手博弈时，一定要掩盖你的真实意图，特别是事关重要的机密信息，一定不要向局内人透露。这样才能够减少自己的损失，争取最大的胜利。

释放“烟雾弹”

信息不对称，往往是博弈中出现坏结果的决定因素。那么，在信息不对称时又该如何博弈呢？如果你已经尽了最大的努力，但是并没有掌握更多、更准确地对方信息，那么，想要扭转博弈的被动局面，就可以释放一颗烟雾弹，用假信息迷惑博弈对手，利于自己决策的实施产生最大效益。

1947 年在大别山战役中，为了渡过黄河进军大别山，邓小平和刘伯承指挥了这场战役。冬天的一个夜晚，水面上人头攒动，黑压压一片头戴铜盔的士兵向南游来。驻守在黄河南岸的敌人哨所里，探照灯照过水面，哨兵惊呼道：“不好，共军渡河了！”哨兵随即通知了敌师长，敌师长接到电话后，命令所属部队务必把渡河军队消灭在水面上。

于是敌军数不清的枪口炮筒对准河面，密集的火力一齐向河里扫去。河面上顿时血肉飞溅，把河水都染红一片。可是几千名头带铜盔的士兵还是不顾一切地向南涌来。国民党军队被这种场面惊呆了。就在国民党军队火速集中之际，突然从后面传来隆隆炮声、杀声。国民党军队摸不着头脑，慌成一团。一场恶战过后，敌师长也被活捉了。

这时，一位 40 来岁的小个子从岸边一只小木船上潇洒地走下来，对疑惑不解的敌师长说：“你瞧瞧吧！你们六个正规师，全副美式装备，现在怎么样了？”敌师长指着岸边染红的河水和一大堆钢盔说：“你们也损失不小呀！”邓小平哈哈大笑，原来这是刘邓的 3000 葫芦兵。

为了渡过黄河，在敌众我寡的情况下，邓小平和刘伯承合计好，征集了数千葫芦。每个葫芦头戴钢盔，用绳索绑紧，下面系上一块石头，在干葫芦上又系上一些灌满红颜色水的猪尿泡、猪肠子。于是，在夜幕笼罩下，这些头戴钢盔的葫芦就从河面上顺风漂来，活像一个个泅渡的士兵。就这样，这些炸不烂的“葫芦兵”佯装成泅渡登陆大军，牵制了敌人的兵力。

一面又在敌人集中全部火力对付这些干葫芦的时候，刘邓二人率部队乘坐木船、木排、黄桶之类，从敌后的另一个地方悄悄上岸了。敌后包抄，出其不意，把敌人的 6 个正规师全部打得落花流水！

在刘邓大军和国民党部队的博弈中，释放的就是一枚迷惑对方的烟幕弹。此前敌众我寡的局面顿时有了很大的改变。

古代军事家孙武说过：“兵者，诡道也。”兵不厌诈。《三十六计》中的军事谋略原则，其总的思想就是真真假假、虚虚实实。列宁指出：没有不用计谋的战争：对敌人不能讲忠厚老实，凡计谋越刁越好。越是斗顽敌，越要用诡道。

战争是敌我双方你死我活的较量，战争是要流血的，不用谋略，难以制胜。古今中外，有造诣的军事家无不通晓这种权谋。通过放烟幕弹来设法伪装自己，以假象掩盖真相，以细节伪装主干，给对方造成虚幻的错觉，使对手难以料定“我之本意”，以达到出奇制胜之目的。当年英美盟军准备在诺曼底登陆的时候，也是一再地制造假象，使德军摸不清盟军确切的登陆地点。盟军情报部门利用不断制造的假象，让德军疲于奔命，并将德军分拆得七零八落，最终打败了他们。

而今，不仅在战争中，甚至是政治、经济及人们的日常生活中，这种以假乱真的烟雾弹已经渗透到了社会生活的每一个领域。同时，也成了人们在生活中的应变之术。当然，迷惑对方的烟幕弹也是弱势一方求得生存和发展的妙招。特别是在商战中，当新生的企业或者推出的新产品处在“襁褓”中时，如果被对方看出该产品或企业并不成熟并视为竞争对手，那必定会将该产品或企业置于死地。此时，用迷惑计正可以扰乱对方的判断，以给自己成长的机会，把主动权掌握在自己手里，扭转被动和劣势的局面。

但是，既然放烟雾弹要达到以假乱真的目的，其中的技巧也是需要把握的，要让对方相信而不是怀疑，否则就会弄巧成拙。

1. 注意分寸和真情实感

如果有一位推销员在顾客拒绝他的产品时，凑近顾客，并且胸膛中发出“咔咔”的声音。当顾客问：“这是什么声音？”时，他告诉顾客这是自己心脏起搏器的声音，言外之意是：自己的心脏不好。此时，顾客难道会被迷惑？会同情你？并因而马上买你的产品吗？当然不会！他们会立刻打发你走，并劝告你赶紧上医院，不要病倒在他家门口。这样的表演也未免有点太过了。

由此可见，使用“放烟雾弹”的策略时也要掌握表演的分寸和真实感。

2. 假象和真相之间的相似性

“放烟雾弹”把握的原则是：让假象和真相之间有一种相似性，由于博弈双方的信息不对称性，特别是当你出于隐蔽的地位时，你释放的烟雾弹对方就无法求证。因此，在这种情况下，比较容易以假乱真，迷惑对方。

有这样一个故事：从前，有一伙强盗来到一户人家打劫，正巧这户人家的男人不在家。然而，留在家中的三个妇女临危不惧，用箭阻拦强盗。可是，箭射了几支后就快用完了，强盗仍然没有走。强盗们知道了屋中只有女人后便更加嚣张。对于妇女们来说，情况万分危急。这时，强盗们闻听一个女人大声呼喊：“取箭来！”他们又听见一捆捆箭被“扑通扑通”扔到地上的声音，强盗们大吃一惊，小声说道：“有那么多箭！看来这家人是武艺高强的人家，必定难以制伏她们了。”于是，强盗只好溜走了。

原来，这是另两个女人从屋内棚子上把一捆捆麻秆扔到地上发出的声音。因为麻秆也是细长的，跟箭落地时发出的声音一样。强盗们被这个烟雾弹迷惑了。

3. 临危不惧

放烟雾弹既然是要弄假成真，因此就要坚持到底，不能在计谋没有达到目的时就控制不住自己，原形毕露，那样，就会弄巧成拙。

一农民养了一头驴，这头驴因食物少而瘦得不成样子。一天，农民在树林里面找到一张死老虎皮，就给驴披上了。夜晚农民将驴带到农田里吃麦子，守田人远远看去，以为是真老虎在吃东西，吓得都跑了。于是披了老虎皮的驴就可以每天享受美食而不被守田人驱赶了。有一天，正在吃麦子的驴听见远处驴的叫声，自己也情不自禁地叫起来。守田人这才知道原来是一头披了老虎皮的驴在吃麦子，于是用弓箭、石头将它打死了。

公元 201 年，曹操掌权不久，急需人才，便召司马懿出来做官。司马懿是大士族的后裔，而曹操乃宦官之后代，他不愿屈节事曹。于是，以患风湿病不能起居为由，拒绝应召。曹操马上怀疑司马懿是找借口推辞，因此，派人扮作刺客前去查验。

这天深夜，刺客悄悄潜入司马懿的卧室，见司马懿果然直挺挺躺在床上。刺客暗想，司马懿如果是装病，见到利刀，一定会匆忙招架。于是，刺客挥刀向司马懿劈去。谁知，司马懿只是睁开眼睛瞅了瞅刺客，身子仍然像僵尸一样一动未动。刺客这才信以为真，去向曹操禀报。

其实，司马懿在刺客潜入卧室之时就已察觉，并且猜到是曹操派人来打探其病况的。但是他将计就计，演出了这场惊险剧，蒙蔽了向来机警的曹操。

因此，既然是放烟雾弹，就要形成一种氛围，一种气候，烟雾弹的影响力越大，人们才会形成越相信，才会形成从众效应。因此，你的烟幕弹一定要铺天盖地，看准目标客户集中“狂轰滥炸”。这样才能在某个范围内形成有效的“杀伤力”。但是，这种烟雾弹在博弈中不可长期使用。

当然，放烟雾弹只是博弈中一时短暂的做法，需要和自己的正面实力相结合才能相得益彰。正如兵法所云：奇出于正，无正则不能上奇，不明修栈道，则不能暗度陈仓。用奇必须奇兵与正兵密切配合，如果没有正面攻击，就不会有出奇制胜，毕竟“人间正道是沧桑”。

法则 7

正赢的最高境界

善于合作是博弈成功的关键

人的本性是自私的，不管做什么，每个人都想从中获得最大的利益。不合作虽然能在短时间里让自己获利，但定会影响长期利益。在社会分工越来越细的情况下，合作是人类不可或缺的生存方式。在这个现代社会的大舞台中，个人的力量是渺小的，是微不足道的，谁孤立谁就会失败；而善于合作，则是博弈成功的关键。

一位少年养了两只狗。一只捕食的能力强，一只稍微差一点。暑假中，他认真地研究了这两只狗的习性，发现一致狗在捕猎时喜欢一个劲地狂吠，但不敢向前冲；而另一只则一声不吭，只管往前冲。少年一时心血来潮，想让这两只狗比赛一下。看谁捕得多，谁得到的奖励也就多。

于是，他将能力强的狗放在东边山头上捕猎，而将能力弱的狗放在西边山头上捕猎。结果，一个小时、两个小时都过去了，出乎他意料的是，两只狗都一无所获。即便是能力强的那只，也连只兔子都没逮到。少年挠着头大惑不解。

这时父亲哈哈大笑着走过来，对儿子说："孩子，你不明白，虽然在两只狗的合作中，会叫的可能多出了一些力气，但它们一旦分开，则往往一事无成。因为在捕猎时一般都需要一只狗叫唤，当猎物吓得失去了方向不知所措时，另一只狗才能不动声色地绕到猎物的身后将其捕获啊。"少年这才恍然大悟。

人生如同战场，残酷而艰难。每个人都不是三头六臂，你个人不可能有太多的精力。你在此方是天才，可能在彼方却近于弱智，你在此领域呼风唤雨，却可能在彼领域寸步难行。一个巴掌拍不响，只有众人拾柴才能火焰高。小到一个家庭，大到一个国家都是这样，合作无处不在。国际时政风云变幻，风起云涌，而唯一不变的就是合作。

一般而言，大凡古今中外的事业有成者，往往都是合作的好手，都是能将他人的聪明才智“集合”起来的高手。汉高祖刘邦在平定天下、设宴款待群臣时很有感慨地说：“运筹帷幄，决胜千里之外，朕不如张良。治国爱民，萧何能有万全计策，朕不如萧何。统帅百万大军，百战百胜，是韩信的专长，朕也甘拜下风。但是，朕懂得与这三位天下人杰合作，所以朕能得到天下。”

要合作就需要团结。“人”是由一撇一捺组成，少了一撇或一捺都组不成一个完整的“人”。我是一撇，你是一捺，唯有团结，才能成“人”，才能成功。中国历史上规模最大的农民起义——太平天国革命，动摇了清政府的统治，它本可成功却因不团结而失败了。北王韦昌辉发动叛乱，杀死杨秀清等将士两万多人，洪秀全处死了韦昌辉，又不相信石达开。结果石达开带着十万精锐离开了北京，分散了革命力量，在四川全军覆没。正是太平军发生内乱，削弱了太平天国的力量，才导致这样一场轰轰烈烈的起义失败了。

一个不团结的集体不会成功。在为人处世时应该多与人团结。有了团结才有友谊，有了团结才有胜利。有了团结才能达到“单则易折，众则难摧”的效应。一国、一党的力量有限，而团结努力便众志成城。波音与麦道的合并给王牌的空中客车当头一律。中石化也以其“联合航队”杀出一条血路，跻身世界五百强之列。只有不计个人得失，大家齐心协力，才能干出一番成绩。

有人也许会说：“我也想与人合作，团结他人，但就是合作不了。”什么原因呢？应从以下几点究其根源：

1. 要认清合作

人们之所以选择零和博弈的方式与时代的发展有关。在故步自封的封建社会，在自给自足的农耕时代，如果一个人看不到和别人进行互利性合作有什么好处，很可能会选择争利性方式。而目前的时代早已从自给自足的小农经济时代发展到以人与人之间的分工合作为本的现代工商业时代，这个时代为人们选择互利性方式提供和奠定了最坚实的物质基础。任何人要获得自身的利益都需要和他人合作，任何人在现实性基础上完全有和他人进行合作的物质基础。在当今中国乃至世界各国，人们越来越倾向于选择采取互利性博弈方式。因此，认清合作是大势所趋，相信任何组织和个体都会选择这种互利性方式。

2. 需要铲除过分的私心

在博弈中，无法合作，或者不善于合作都与自己的私心太强有关。有些人的私心太强，什么利益都想自己独吞（或占大头），凡涉及名利之事都想自己优先，都想将他人排斥在外，自己一点小亏都不肯吃；有些人的功利主义色彩太强，对合作者采取实用主义的态度，用到他人时，什么都好商量，不用他人时，则采取将人一脚踢开、理都不理的态度。一个人若是对合作者采取这样的态度，那么是永远合作不好的，而且合作不久也会马上散伙的。因此，要想与人合作成功需要铲除过分的私心。

3. 平等的待人

合作需要人与人之间的平等，平等的前提是尊重。如果总是将自己看作是主人，将自己的合作者看作是被恩赐者，有意无意地露出一副优越感十足的样子，在合作者面前永远做指挥者、命令者，时间一长，这种合作也将是不欢而散。

比如，一些大公司常常对一些小公司或者加盟商趾高气扬，总是要将自己的意志强加于人，什么事情都得听他的，都必须按他的意见办事，最后，一定是以合作的失败而结束。

因此，要合作成功也需要加入平等的元素。要先想到别人和自己是平等，首先要尊重对方，才能奠定合作的基础。

4. 多一些宽容

要与他人合作得好，就必须做到不苛求合作者（当然，这并不是说对合作者一味地无原则的迁就），不吹毛求疵，多一点宽容忍让，做到“勿以小恶弃人大美，勿以小恶忘人大恩”，让合作者感到他工作的环境和谐、融洽，这样的合作能牢固、长久。

未来社会是一个竞争与合作并存的社会，孤军奋战只能导致失败，凡事自己来，只能耗尽自己的能量，最后导致一事无成。在这个强手如云的社会，学会交往、学会合作是时代赋予人才的基本要求。只有能帮助别人，与人合作的人，才能获得生存空间；只有善于合作的人，才能赢得发展的机会。与别人联合方能最大限度地减少博弈中的阻力，增加成功的概率。

舍小利，获大益

从前有一对夫妻，他们共做了三个饼。他们每人各吃了一个饼后，还剩下一个饼，两个人都想独吞，于是他们就订了一个约定：谁先说话，就不给饼吃。因为都想得到这个饼，所以夫妻两人几乎一天都没有说话，尽量打手势比划来解决问题。

晚上，有个小偷窜到他们家偷窃，翻箱倒柜地到处翻腾，把所有值钱的东西都拿到手了。可是，夫妻两人谁也没有制止，都假装睡着了。因为他们有约在先。

不料，小偷看到他们不动声色后，胆子大了起来。他看见女主人长得有几分姿色，就大胆地调戏和轻薄她。可是，不但女主人不反抗，男人听到动静也不说话。

最后，女主人终于无法忍受了，边反抗边大声喊："救命！"小偷担心邻居们都来抓他，急忙逃走了。女人得救后对男人说："你没长眼睛啊！小偷轻薄我，你居然都不喊人抓他？"

谁知，男人听后拍手笑着说："嘿！你终于先开口了。最后一个饼我得到了。"

人们听到这个故事，肯定会嘲笑这对夫妻。特别是那个男人，为了一个饼，竟然让自己的妻子蒙受羞耻。

对于我们来说，虽然不会发生这个故事中可笑的事情，但是这个故事告诉我们的是：有时，人们为了获得一点小小的利益，常常会像这对愚蠢的夫妻一样，为了一个饼，而不惜眼看着盗贼肆虐。如果不忍舍弃小利，那么一定会有更大更多的损失。

尤其是在自己追求成功的道路上，当期盼很难变成现实时，过分的执着，从某种意义上讲，无疑就是一种沉重的负担，一种精神枷锁，甚至是一种对自己的伤害。因此，要学会“舍得”。

一棵桃树非常盼望自己能有硕果累累的那一天。终于，经过自己的顽强努力，伴随着秋风的阵阵吹拂和艳阳的照耀，这棵桃树终于和其他伙伴一样，结上了许多桃子，它对自己的奋斗成果很满意。

可是，采摘的季节到了，它还没来得及尽情地品尝自己的胜利果实，就看见同伴们纷纷把自己的果实交给了那些前来采摘的人们。现在就和自己胜利的果实进行了最后的告别，它无法忍受这种结果。在它看来，那是自己饱经风雨，经过整整一年的培育和酝酿才终于拥有的成熟之果。它不希望自己在果实被采摘之后变成一副光秃秃的丑样子。

由于这棵桃树的坚决要求和顽强坚持，最终，它身上所有的果实都没有被人们采走。可是，为了使身上的累累果实具有足够的营养，这棵桃树不得不更加努力地从根部吸收养分。渐渐地，桃树的树干变得越来越细，生命已经越来越虚弱了，可是它仍然舍不得放弃那些诱人的果实。最后，只能越来越枯萎，连一片绿叶也看不到了。来年的秋天，它再也无法结出成熟的果实了。

我们知道，人生的博弈是需要成本的，其中，不仅仅是时间、财物还有我们的精力和随风而逝的年华。因此，如果发现自己在博弈中投入的成本不是机会成本而是沉没成本，就要果断舍弃，哪怕你再留恋也要挥剑砍断，这样才能保证自己既得利益不受更大的损失。特别是在小利和大利面前，我们应该舍得放弃其中较小的一部分。因为丢弃了一个兵并不至于导致失败，再发强攻，仍有取胜的机会。

中国航空工业第一集团公司在2000年8月决定：今后民用飞机不再发展干线飞机，而转向发展支线飞机。这一决策在当时引起广泛争议，许多人都不忍心砍下干线飞机这个项目。

另一些人反对干线飞机项目下马的一个重要理由就是，该项目已经投入数十亿元巨资，上万人倾力奉献，耗时六载，在终尝胜果之际下马造成的损失实在太大了。可是，不管该项目已经投入了多少人力、物力、财力，对于如何决策而言，其实都是无法挽回的沉没成本。

事情是这样的，该公司与美国麦道公司于 1992 年签订合同合作生产 MD90 干线飞机。但是，从销路看，原打算生产 150 架飞机，到 1992 年首次签约时定为 40 架，后又于 1994 年降至 20 架，并约定由中方认购。但民航只同意购买 5 架，其余 15 架没有着落。可想而知，在没有市场的情况下，继续进行该项目会有怎样的未来收益?

在博弈中，沉没成本越多，你获胜的希望越小，只有机会成本才是决策正确的相关成本。虽然机会成本不是现实的成本，是隐性的，而沉没成本却是实实在在的。正因为沉没成本人人都看得见、摸得着，因此，舍弃这些让人难免有一种“割肉”的痛楚。但是，人们看到的只是曾经的付出，对于沉没成本以后会给自己带来的危害却并没有认识清楚。因此，这种难以割舍也是不理智的选择。越是难以割舍，博弈获胜的希望越小。看看现实生活中那些只顾眼前利益，而不顾长远利益的人，有哪个获得了成功呢？最终不都是以失败告终吗？如果只顾眼前利益，终将导致事业和人生的失败。因此，不论在为人处世中还是在自己奋斗的征途中，若想达到幸福而圆满的人生境界，就必须不断开拓自己的视界。

利益是博弈的根本目的，为了获得最大的利益，有时候先要牺牲部分利益，有所失才能有所得。在人生历程中，为官、经商、交友，谁都难免遇到一些吃亏或者受益的事情。如何看待吃亏？如何对待吃亏？也是人们经常碰到的课题。实际上，肯不肯吃亏就是舍不舍得的问题。但是这样做的前提是从大局出发，要确保牺牲的利益可以换来更大的利益。有时放弃眼前的蝇头小利，能让你获得更长远的大利。

而舍与不舍本身就证明了一个人的眼光是长远还是短浅，境界是高还是低。既如此，何不拓宽自己的视野，提升自己的境界，做个干一番大事业的人呢?

合作共赢

负和博弈，是指双方冲突和斗争的结果，是所得小于所失，就是我们通常所说的其总和为负数，也是一种两败俱伤的博弈，博弈双方都有不同程度的损失。

一头驴和一只狗都在同一个主人家中喂养。一天，主人不在，驴感到饥饿，便大嚼大啃起主人放在地上的青草来。

这时，狗见驴子在吃青草，感到腹中饥饿，就对驴说：“亲爱的伙伴，请你趴下身子来，让我踩在你的身上，好摘到上面篮里的馒头。”

谁知驴子故意装作没听见，它怕影响自己进餐，于是只顾埋头吃草。

“亲爱的，我求你趴下一小会儿，行吗？”狗再一次请求道。

“朋友，我还是劝你等等看，待主人回来后，他一定会让你吃一顿饱饭，我想他很快就会回来了。”驴子装聋作哑好一阵子，总算开口回了话。

就在这时，一只饿极了的狼从山上跑了下来，驴子马上叫狗来驱赶，但是狗回敬道：“朋友，我劝你还是快跑吧，这只狼不会让你等太久的。你可比我块大，够它饱餐一顿的了。”

就在狗还在说这些风凉话的时候，狼已经冲过来把驴子咬死了。

主人回来后，见躺在地上血肉模糊的驴，马上明白了是怎么回事，他一怒之下，把狗给打死了。

驴和狗互相拆台，结果是两败俱伤。这就是负和博弈的现象。

一直以来，人们都认为赚钱就是一个“你输我赢”的零和游戏，一般的人在看问题时通常爱用“你死我活”“非强即弱”的极端方式。尤其在商场上，时常有这样的现象出现。在商业合作中，过去，很多公司在市场竞争管理中的一个重要观念，就是采用各种有效的方法，运用战略与战术的手段，力求做到在竞争中击败对手，以赢得更为广阔的市场。甚至有些公司为了打击对手，不惜用负面广告的方式来打击竞争对手。虽然这种手段在短期内对该公司有一定的帮助，但是很快对手会以同样的方式反击。即便他们在反击中处于劣势，也会和你从此分道扬镳，这样，两者之间再也不会有合作的可能，也不会有长期的固定博弈方式。

其实，世界上大多事情不是零和博弈，也不是负和博弈，而是互利互惠的。庆幸的是，越来越多的人认识到了“零和”的局限性，双方都会理智地思考一下，采取互利互惠的合作态度，那样，人际关系可以往好的方向发展。即便贪婪凶残如海盗者，也需要考虑到互惠互利。

在海盗分金中，有 5 个海盗抢得 100 枚金币，他们决定按民主的方式进行分配。每个人提出分配方案后，其他 4 人进行表决，超过半数同意方案则通过，否则将被扔入大海喂鲨鱼。5 个人抓号后，第一个人先表决。

当然，他们谁都不愿意自己被丢到海里去喂鱼，也都希望自己尽可能得到更多的金币。那么，每一个海盗要提出怎样的分配方案才能够使自己的收益最大化并得以通过表决呢？

此时，1 号需要作出冷静的判断和分析：如果他提出的分配方案是（97，0，1，2，0）或（97，0，1，0，2），那么，2 号肯定反对，没有获得金币的 5 号和 4 号也会反对。但是，即便只有两人反对，3 人赞成，这个方案还是容易通过的。因为，另外获利的两位可能会想，如果不同意 1 号的方案，让 2 号分配，他们中的某一位很可能什么也得不到。因此，可以获利的两方都投赞成票。这样，1 号就获得了 97 枚金币的可观利益，用最小的代价获取了最大的收益。这样的答案看似不合理，但又是合理的。

也许有人会想，如果 1、2、3、4 号都分配不公，被扔进大海，利益不就都是 5 号的了吗？这是不可能的。现实生活远比假设要复杂精细得多。在这场博弈当中，1 号明白自己的方案一旦不被多数人通过，就会被扔到海里喂鲨鱼。当然，1 号不会为了利益而丢掉性命。这个过程正体现了 1 号的博弈思想，因此，他牢牢地把握住了先发优势，既照顾大多数人的利益，自己又能获得最大的收益，这便是博弈中最优的策略。

现实生活中，人人都在自认为公平的基础上追求最大的收益。要想实现这个最大化的目标，所采取的途径也应该是理性的，要做到利己的又要同时尽量照顾大多数人的利益。

提到双赢，有些人总认为绝不可能。蛋糕是固定的，我得到的少，别人就会得到的多。双赢怎么可能？其实，在现实的经济活动中乃至社会现实活动中，买卖双方的关系不再是“此消彼长”的简单线性关系。一个人收入的增加并不一定导致社会上其他人收入的减少，获利并不一定以对他人的损害为条件，而是指在整个经济活动中怎样做才能够互利互惠，共同得利。这才是正和博弈的方式。

正和博弈是双方都得到实惠的一种博弈，即我们通常所说的“双赢”。正和博弈是谋求双方或多方利益的最大化。双方总是把世界看作一个合作的舞台，而不是一个角斗的场所。他们把自己的利益建立在利人利己的双赢思维的基础之上。他们不用去抢别人的蛋糕就可以做大自己的蛋糕，并且讲求彼此的和谐与互利互惠，甚至为了共同利益的最大化，不惜牺牲个人的利益。因此他们不论是在做人还是在做事方面都是成功的。

在美国，有个电影明星叫珍·拉塞尔，她曾与制片商休斯签订了一个一年100万美元的雇佣合同。可是，12个月之后，休斯却因为资金匮乏而无法兑现拉塞尔应得的现金。而拉塞尔只想得到合同上规定的钱，对休斯的许多不动产却毫无兴趣。结果，双方的争执越来越大，拉塞尔甚至想到通过律师来解决问题。

可是，没过多长时间，拉塞尔突然改变了主意。一天，她对休斯说：“啊，我们两人的性格和行为方式虽然不同，但都有共同的奋斗目标，让我们看看能不能改换一种方式来满足对方的需要呢？”于是她开诚布公地和休斯说，她希望休斯考虑演员这一职业的不稳定性和风险性，能够体谅她的苦衷。休斯认真倾听后，也提出了自己一次性付款的困难。于是他们重新达成了一致的协议。

经过他们的共同修改，合同改为休斯每年付给拉塞尔5万美元，分20年付清。这样，拉塞尔有了20年的稳定收入，不必为失业而担忧，而且所得税可以逐年分期缴纳，并且有所降低；休斯分期付款，解决了资金周转困难的问题。

由此可见，双赢并非不可能。通过人们的有效合作，皆大欢喜的结局是可能出现的。只要能走出个人利益的狭小天地，站在对方的角度考虑，就可以创造性地提出了一个满足双方需要的方案。

需要注意的是，这种共赢不仅表现在人们之间的博弈上，也表现在对待自然环境的博弈中。

在人类社会的发展历史上，人类所经历的工业化革命，不仅带来了经济的高速增长、科技进步、全球化发展，而且也带来了日益严重的环境污染。这之后，人们正逐渐从“零和游戏”的观念向“共赢”的观念转变。这是因为，人们开始认识到“共赢”的重要性。因此，今天的环保问题终于被提上日程，越来越受到人们的重视。

由此可见，“共赢”预示着一种新时代的来临，暗示着人与人、人与自然的全面协调发展和和平共处关系的形成。共赢的时代不是建立在人们之间的依附或占有的基础之上的，而是建立在双方甚至多方之间相互促进与共同发展，以促进社会的全面进步与繁荣发展的基础上的。这样不仅会达到共赢的结果，在这种良性循环下，还会出现多赢的局面。这才是我们追求的正和博弈的最高境界。

无利可图的背叛

在人们的合作博弈中，如果合作的一方总是从自己的利益出发，处处维护自己的利益，让对方无利可图，那么对方迟早会背叛自己。

刘佳是一家化妆品公司的推销员，在化妆品竞争激烈的时代，要想打动消费者的心很不容易。刘佳进公司 6 个月后才开始有订单，两年后，她的业绩有了提升。第二年年终结算，按原定计划他可以拿到 3 万元的销售提成，于是，刘佳美滋滋地盘算着，这下可以翻身了，再不用到月底去朋友那里蹭饭了，也可以换个宽敞的住宿环境。可是，当她要求公司兑现时，却发现老板支支吾吾，一会儿说公司资金周转困难，一会儿说提成比例的百分点算错了，始终不愿马上兑现。

刚巧在这时，公司有一笔远在外地的货款需要去收。因为临近年底，其他中年销售员都打退堂鼓。刘佳还没有成家，无牵无挂，主动请缨。但是，当刘佳收到货款后，她决定对老板实施报复。既然老板不仁，自己也不义，不能伸长脖子挨宰。于是，她决定一不做二不休，把钱据为己有。这笔货款差不多也是 3 万元，正好弥补她奖金的损失。

最后的情况可想而知，刘佳因私自侵吞公司的货款，按照有关法律条例，被法院判了刑。而这位说话不算数的老板，也让客户和他的员工相继疏远，公司的生意从此一落千丈，很快就倒闭了。

虽然刘佳选择的方式不正确，可是，这种现象说明，刘佳之所以不计后果要背叛老板，就是因为自己的正当利益被剥夺。3万元对一个初入职场的打工者来说，不仅是生存的保证，而且也是自己能力的证明。如果被老板据为已有，刘佳怎能心理平衡？可是，有些老板在和员工的博弈中并没有认识到这些，总认为工资奖金是自己发善心发给员工的，而不是员工创造的，因而总是像周扒皮一样处处算计员工，结果必然导致背叛。即便现在不背叛，也必然会在未来出现。因为这种博弈没有长久合作的可能，弱势一方必定会选择背叛。结果就会有这样的局面出现，不是核心员工跳槽就是技术人员泄露机密，最后给公司带来损失。

这种现象不但在职场中有，现实生活中也存在。

不论是物质利益还是精神利益，不论在上下级之间的博弈中还是在平等合作的博弈中，一方无利可图必然会走向背叛。虽说“人之初性本善”，但经过现实生活的磨炼，人们善良的本性也可能会有所改变，嫉妒、怀疑便成了现代社会的“特产”，人在这种风气下，变得越来越敏感，越来越务实。人们在利益面前，很少有躲避心理。

在囚徒困境中，一方之所以背叛自己的朋友而向警察自首，就是因为他感觉到自己从对方身上不可能再谋取到任何利益。对方也在监狱中，即便曾经向自己许诺过什么，此刻也无法实现，因此，囚徒都选择了背叛对方的方式。

无利可图就会出现一次性博弈的局面。生活中，我们经常听到这样的话：“我得不到的东西，你也休想得到。”仿佛只有这样双方的心理才得到了平衡。其实这种谁也得不到的心态就是一次性博弈的表现。因为对方知道没有了合作的可能，索性就豁出去了。

如果用得益的总和来区分，博弈可以分为固定和博弈与变和博弈。在变和博弈中，因博弈参与者选择的策略不同，各方的得益总和也会发生变化。当合作关系存在某种自然而然的终点时，博弈反复进行的次数是一定的。即使参与人以前的所有策略均为合作策略，如果被告知下一次博弈是最后一次，那么肯定采取不合作的策略。而且越是临近博弈的终点时，采取不合作策略的可能性就会加大。人们往往会破釜沉舟、不计后果、冲动行事，即便是身背背叛的骂名也在所不惜。因此，在这种情况下，被背叛的一方就要衡量一下对方的背叛给自己带来的损失，如果损失大于所得，最好与对方握手言和。

刚踏入 2004 年的时候，汽车厂商们豪情满怀，忙着扩产、推新车，然而，车市 5 月“拐点”后的严峻形势已经迫在眉睫。巨大的产销落差让汽车销售商背负上了沉重的库存负担和“现金流”压力。厂家的第一反应仍然是“压”——向经销商压库存、压指标，向市场压价格。于是，汽车产销两大阵营的关系也变得微妙起来。

经销商面临的压力越来越大，便开始加大了跟厂家讨价还价。先是要求厂家减少自己的库存压力，接着就要求降低销售任务。再接下来，一些经销商们干脆自己先“炒厂家的鱿鱼”，将那些无利可图甚至亏本的品牌剔除出去。尤其让汽车厂家觉得不能容忍的是：一些经销商为了清理库存，开始直接降价。这在做惯了“老大”的厂家看来，无异于背叛。

在这种情况下，一些厂家开始强力扼杀经销商们的“反水”，要求经销商在厂家额外存入一笔 3 万到 10 万元不等的保证金，一旦他们的售价不能在厂家指导价的基础上浮动将没收这笔保证金。

此令一下，众多经销商虽然心有不满，但却是敢怒不敢言。不过，还真有经销商豁出去了，他们依然我行我素。因为车市低迷本来就无利可图，再加上库存的汽车占压资金，自己就只能跳楼了。对于这些有意退出者，厂家也是无可奈何。

几轮博弈下来，不少汽车厂家也开始意识到，单纯靠“压”的方式不仅不能让经销商满意，最终还影响到了自己的市场。因此，不少厂家开始做出调整行动，减轻经销商的销售任务，让经销商有更充足的时间去消化库存，目的在于与经销商一起共同度过“寒冬”。

不论在合作开创事业中，还是在与人交往中，要减少背叛的现象发生，作为强势的一方就要适当地考虑他人的利益。毕竟，人活着不仅仅是为了自己，除了为自己谋取利益和幸福之外，也要为他人、自己所在的团体以及整个社会谋取利益和幸福。这是每一个生活在这个世界上的人都必须履行的职责，这样才能变一次性博弈为固定博弈。否则，如果只围绕自己的利益讲话，别人会怀疑你的动机，也不会和你博弈。那样，你自己的利益也会受到损失。

志同道合

合作，不仅是在和自己志同道合的人之间，也可以和对手进行合作。当然，要把对手变为自己的合作者，并不那么容易，需要花费一定的时间。但是，只要你能为对方言明合作与不合作中对方的利益得失，那么，他们自然会做出有利于自己的选择。也许，他们会主动退出僵局。

东汉末年太史慈在郡里担任属官时，正巧郡里和州里发生争执，于是分别上奏。当然，先入为主，谁的奏章先到达京城洛阳，就更有可能胜利。

为了抢先上报奏章，郡里和州里展开了比赛。当时州里的奏章已派人送出，郡里的官员怕自己落后，选中太史慈火速赶往京城。太史慈也不负众望，日夜兼程赶到洛阳，提前上报了奏章。

按说，太史慈的使命完成了。可是，他看到州里上报奏章的官员正在求守门的官吏为自己通报，太史慈走上前假装好心地问道："你的奏章在哪里？拿来我看一看，题头落款是不是写错了？"

州里的官员觉得太史慈是个懂行的，如果公文格式不对可非同小可，于是便交给太史慈。可是，谁也不会想到的是，太史慈拿过奏章就撕碎了。州里来的官员大吃一惊，拉住太史慈非要让他赔奏章。

可是，太史慈却反咬一口说："奏章是你给我的。假如你不给我，我也没有机会把它撕了。不过你不用惊慌，是祸是福，我和你一同承受。这事反正也没有其他人知道，不如咱们现在悄悄离开这儿。你回去后就说奏章已经送到，我肯定不会告发你。"

事已至此，就是打死太史慈奏章也不能失而复得啊！州里的官员想了想，按照太史慈所说的，对自己的利益也没什么损失。于是，就和太史慈一起悄悄地回去了。

就这样，郡里送的奏章终于被批准。州里认为是自己的奏章没有起到作用，也就没有追究。

在人们看来，太史慈不按常理出牌撕毁对方的奏章，对方岂能与他善罢甘休？可是，太史慈站在对方的角度考虑，为对方言明利害关系，竟然把竞争对手变成了同盟军。

不论在官场还是在商场、职场，人们之间的博弈都是为了争取更大利益、保护自己的利益不受损失。特别是强势的一方，在争取到自己利益的同时也要为对方考虑，尽量让对方遭受的损失降低到最低。否则，对方无利可图，又要遭受损失，定会对你不依不饶，战斗到底。

最明显的是，在企业的“价格大战”中。如果能为对方言明利害关系，让对方与自己合作，就可以解决企业间的争端。

在价格战中，两个企业都想打垮对手，争取更大的商业利润。于是，他们之间必然会因为市场份额的争夺而引起争斗。

争斗的最终目的，当然是希望抢占对手的市场份额，增加自己企业的利润。那样，获胜的一方赢得的市场越大，就可以借机提高价格，就可以赚得更多的利润。但问题在于，消费者可以在两家打价格战的企业中进行选择。如果一方价格高，东西贵了，消费者当然不会买你的东西而转向另一方。这样，双方为了争夺消费者，都陷入无休止的价格大战中，竞相降低价格，“跳楼”“亏本”“吐血甩卖”等，花样别出。

比如，甲企业希望整垮乙企业，就会在原来的低价基础上再度降低价格。那么，乙企业为了保证自身的利益，也只能跟随甲企业降低价格，这样的最终结果，会导致两个企业两败俱伤。总之，最终受益的是消费者。这也是斗鸡博弈带来的结果。

为什么会出现这样的情况呢？道理很简单，因为每个企业都将同类企业作为对手，只关心自己一方的利益。从来没有考虑对手的利益，更没有考虑把他们当作合作伙伴看待。因此，要扭转这种观念。要认识到，告诉对方彼此伤害的危害，不妨试着和对手合作一把，让矛头一致对外。

其实，对两个企业来说，最好的方式是合作抬价。如果两个企业联合起来商定一个双方都同意的市场价格而且消费者也能承受得起，那么，双方联手都不采取降价的方式，消费者在购买商品时没有别的选择余地，贵也只好买。那样，双方企业都会成为对局中的赢家。这样，两个企业的利润都会增加。如果对局双方都清楚这种前景并加以合作，那么双方都可以因为避免价格大战而获得较高的利润。这种“双赢对局”实际上就是双方利益最大化的结果。

当然，企业之间的利益是钱，是利润，可是，有些人需要的利益就是隐性的。如果让人看不明数不清，你不妨指给他看，数给他看，让他心里明明白白。比如，为名的人，就给他名；为利的人，就给他利；既为名又为利的人，就既给他名又给他利；至于那些名义上是为名，实际是为利的人，就给他虚名重利……总之，手段和方式要因人而异。能做到这些，自然让人乐于被你利用而且会尽力为之。

当然，把竞争对手变成盟友，也需要有宽大的胸怀。因为这些对手曾经与你刺刀见红，要置你于死地。因此，战败对方后，许多人都想消灭他们，这是一种错误的观念。

其实，有竞争才能有发展。虽然说竞争对手是在与自己争夺既得利益，但正是因为对手的存在，才使彼此不断进步。因此，我们不妨做人大度一些，互相赢得互相支持总比互相拆台要好。

众所周知，唐朝是我国多民族国家形成的重要历史时期，而唐太宗李世民就是这一历史进程开端的伟大奠基者。在征服周边国家后，为缓解民族间的矛盾，促进多民族国家的形成，他以博大的胸怀，不计前嫌，不仅给那些少数民族的部落首领讲明归顺唐朝的利害关系，而且还让许多归顺的人在京城长安任职。

李世民还对这些被任用的少数民族首领十分信任，授予他们官爵，放手让他们参加了所有的战争，发挥他们的军事才能。当然，这些人也立下了卓越战功。

皇帝直接任命少数民族首领，在历史上有如此恢弘气度者，李世民大概是第一人。就这样，唐太宗用他博大的胸襟把各个民族团结在大唐帝国周围，唐朝形成了万国来朝的鼎盛时代。

在这个世界上，合作是主流。即便是竞争对手之间也并非就是水火不相容的，关键是你对待他们的态度和胸怀。如果你能设身处地考虑对方的利益，就有联手合作的可能。那样，对手就会成为你的合作伙伴。即使对方在博弈中败下阵来，也要尊重对方，并感谢他曾经是你赶超的目标，是你进步的动力。

法则 8

借助外力实现最大的利益

成功需要人脉的支持

一个人想要在社会上立足，就必须有一个属于自己的圈子。生活中为什么有的人像做了电梯一样步步高升，而有的人则摸爬滚打数十年仍一无所获？这一切最深层次的根源就在于——人脉！

美国人际关系大师卡耐基说：“一个人的成功，专业知识作用占 15%。而其余的 85% 则取决于人际关系。”人脉是一个人通往财富、成功的入门票。

2008 年全球各国富人数量排位，中国排位第四。而这些富人当中，有 8% 的人既无生产经营资料也无专利技术，那么，他们凭什么呢？就是凭着依靠关系致富。

不但创业致富需要依靠人脉的支持，在其他方面想要取得成功同样也需要人脉的鼎力相助。博弈也是同样，不管你自己具备多么强的能力和综合素质，都需要他人的帮助和支持。我们立身处世。虽然要自力更生，不要轻易靠人，但是千万不可忽视人际关系的重要性。对于每个人来说，如果光有能力，没有人脉，个人竞争力就只能是一分耕耘，一分收获。而有了人脉的支持，就可以一分耕耘，十分收获。

现实生活中的每一位成功人士都有一个共同特点，那就是他们都具有建立并维系一个良好的人际关系网的能力。经营并维护好自己的人脉圈，不但会距离成功越来越近，而且也可以增加自己心理的满足感、幸福感与稳定感，有益于自己的身心健康。

但是，一个不容乐观的情况是：尽管大多数人认同“人脉关系”的重要性，但仍有45.56%的人仅仅局限于职场中，认为除了8小时工作以外就不必太在意了。调查发现，只有48.36%的人去主动出击建立自己的人脉关系，有34.22%的人是通过朋友介绍增长人脉，还有9.82%的人是被动等待别人找上门。而在这些人中，男性比女性更关注人脉关系对职场生涯的影响，国企职员对人脉的关注度高于其他企业，而外企职员又高于国企职员。外企职员主动结识朋友的意识比较强烈，占了50.8%。这些都说明，我们和外企职员相比，还没有充分认识到人脉关系的重要性，也没有充分地把自己的人脉资源运用好。

之所以产生这种现象，有主客观两方面的原因。中国长期的自给自足的小农社会使人们形成了封闭的心理。虽然他们的后代走向城市，开始接触工业文明，需要和他人联合作战，但是，他们的骨子里还是最看重自力更生，感觉凭自己的本事吃饭才是能力的表现。在有些人看来，人脉就是搞关系，只要自己有能力，在社会上受重用就可以了，没必要去拉那些关系，拉关系则是无能的表现。这种认识的误区妨碍了他们与人交往，当然也得不到他人的鼎力相助，只能使自己在人生的博弈中孤立无援，奋斗的道路越走越难。

那么，良好的人脉究竟对个人会带来怎样的帮助呢？

1. 人脉信息传达

在信息发达的时代，拥有无限发达的信息，就拥有无限发展的可能性。信息来自你的情报网。人脉有多广，情报就有多广。“人脉”情报，能为自己的发展带来便利。

2. 人脉资源是无形资产

另外，人脉资源还是一种潜在的无形资产，这种人脉资源不仅对你在公司工作中有用，即使你以后离开了这个公司，它也将在你的创业途径中，发挥无与伦比的作用。比如，在创业过程中一旦遇到某一方面的困难，你就会知道该打电话给谁。

3. 人脉就是机遇

不论是求职还是干事业，人脉就是机遇。

根据人力资源管理协会与《华尔街日报》共同针对人力资源主管与求职者所进行的一项调查显示：95% 的人力资源主管或求职者透过人脉关系找到适合的人才或工作，而且 61% 的人力资源主管及 78% 的求职者认为，这是最有效的方式。

小强大学毕业后，自以为可以找到最好的工作，结果却徒劳无功。一天，他在朋友的家中见到一位记者，无意中说出了自己的烦恼。记者了解他的情况后说："噢，那正好，如果你愿意，星期一来找我。"

次日，小强打电话到记者的办公室，这一通电话改变了小强的命运。在街上闲晃了一个月的小强，站在了铺着地毯、装饰得大大方方的办公室内，顷刻间拥有了一份体面的工作。原来记者给那个企业做过报道，没有多少文化的老板无意中说起需要一个文秘。

对小强来说，那不仅是一份工作，更是一份事业。3 年后，小强还在这一行继续挖掘金矿，而且成为当地有名的制笔厂公司的经理助理。

小强至今都感谢神通广大的记者给自己的鼎力相助。对自己来说，磨破铁鞋也找不到的机遇竟然被记者一个电话就搞定了，这种神奇的事情对他来说简直连想都不敢想。

也许你会说，我哪里有机会认识记者这样的大贵人啊！那么，在你的身边，就有很多你可以利用的人脉。你对此充分挖掘了吗？

在比尔·盖茨的成功中，就离不开身边这些人脉的大力支持：

球星外婆将家族中的 100 万美元传给他；母亲是盖茨第一笔订单、也是最大最长的订单（与 IBM 合作捆绑销售软件）的中介人；律师父亲对合同和官司的作用功不可没；姐姐也是他最初卖课程表软件的中介人……夫人、好友对他的生意也起到过举足轻重的支持作用。至于中学同学艾伦，是他创业的得力助手。艾伦性格温和可以弥补盖茨的不足。大学同学鲍尔默的加入更是让微软每年利润 25% 的速度增长……父母、教师、合作伙伴，就是这些身边的人脉在比尔·盖茨事业开除的过程中起到了非常重要的作用。

因此，可以说，生活中你所认识的每一个人都有可能成为你生命中的贵人。如果你足够聪明就要让自己做个有心人，随时随地注意开发你的人脉金矿！不论是达官贵人还是平民百姓，当你有喜乐尊荣时，会有人为你摇旗呐喊；当你有事需要帮忙时，会有人为你铺石开路，两肋插刀。只要你善于开发，每一个人都会成为你的金矿。

当然，人脉的积累是长年累月的。不管是一条人脉，或是由人脉伸展出去的人脉，都需要长期的付出与关怀，这样才能在看似不经意间逐步建立起自己的人脉网。

如果你想获得事业的成功，就要尽早建立自己的人脉资源网，越早搭建自己的人脉网，你就可能越早成功！

领跑者的顺风车

在“智狗博弈”中，小狗安安心心地等在食槽边，而大狗则不知疲倦地奔忙于踏板和食槽之间。这是小狗的智慧。

任何行业中，在前面领跑的，受到的阻力总是最大，而跟随其后者要省力很多。比如，股市上等待庄家抬轿的散户；等待产业市场中出现具有赢利能力新产品、继而大举仿制牟取暴利的游资；公司里不创造效益但分享成果的人；等等。这些就是小狗的行为。

工作中也会出现这样的场景：有人做“小狗”，舒舒服服；有人做“大狗”，疲于奔命，吃力不讨好。生活中也有这样的情况，丈夫勤快，妻子好吃懒做；或者妻子勤快，丈夫懒虫一个。但是，常常是这些懒人却有好福，这是为什么？是因为大狗比小狗优秀，是因为小狗找到了优秀的人。

大狗们自恃身强力壮，免不了有表现一番的欲望，这是谁也拦不住的，而小狗没有那么多的实力可以消耗，表现也是费力不讨好；再者，大狗们比小狗吃得多，占有了更多资源，因此，从道义上来说也应该承担更多的义务。因此，小狗这样做，并不是懒惰和自私使然，而是小狗吃得少，力量小，吃食物抢不过大狗，所以只好开动脑筋，寻找对自己最有利的方案。对于“小狗”来说，生存毕竟是第一要务，然后才要谋求发展。因此，在生存博弈中，如果你面临着小狗这样的境况，不妨让大狗帮助你成长。

在某建筑公司，负责财务的罗璇一上班就忙个不停，不是申报表就是忙于做账，而财务经理则躲在自己的办公室只管打私人电话，至于给他当下手的阿丽，却在上网跟男友谈情说爱。罗璇看到这一切真是气不打一处来。论资格，罗璇比阿丽年龄大，工作资历长，应该是刚分配工作的阿丽最出力。论官职，财务经理应该指挥万马千军，特别是在改制这个财务工作量最大的情况下，不应该让自己这个上有老下有小的中年人一个人做中流砥柱，硬扛着。

到了年终，由于部门业绩出色，上级奖励了 4 万元，经理独得 2 万元，罗璇和阿丽各得 1 万元。想想自己辛劳整年，却和不劳而获的人所得一样，罗璇禁不住满心的不平，但是又能如何呢？虽然他心里埋怨，嘴里嘟囔，工作却没有停下来，谁让他是个认真负责的人呢？如果罗璇工作拖拉，他就无法睡个安稳觉。如果他也不做事了，不仅连这 1 万元也得不到，说不定还要下岗，想来想去，还是继续当“大狗”吧！

每当罗璇抱怨累时，阿丽总是心中不解：“怎么会有那么多人嚷嚷着自己累？我这个小职员不是一直轻轻松松的嘛！”

看到这里，勤勤恳恳工作的“大狗”们都会愤愤不平，但是，小狗也别自以为得意，以为自己找到了优秀的大狗就可以前程无忧。虽然工作可以偷懒，但做小狗也需要相当的智慧，否则，小狗也做得不轻松。因此，在小狗和大狗的博弈中，小狗需要注意以下几方面：

1. 尽量少出风头

因为小狗能力有限，所以还是尽量少出风头，只帮最能干的同事做些辅助性的工作就可。有些人就是爱表现，那就给他们表现的机会，反正硬骨头自有人啃。因为“大狗”们总是碍于面子或责任心使然，不会坐而待毙。那样的话，如果工作搞得好，受表扬少不了你；如果工作搞砸了，跟你也没有多大关系。

2. 注意维护关系

因为小狗工作少报酬却不少，因此，很多同事肯定心中会愤愤不平，因此，小狗们要注意精心维护好自己的关系网，平时要善于感情投资，跟同事搞好关系，让他们在关键时刻为你说话。否则你的地位便会岌岌可危。

3. 坦诚自己的不足之处

比如，万一碰上看不惯你的人时，你要坦白地告诉他：我不是不想做，我是做不来呀！要不你教我几手？这样他人就会减少对你的愤恨。

其实，小狗的聪明只能用于自己的成长阶段。如果总是甘心做“小狗”，只能吃到不多的粮食，会限制自身的发展。因此，成长为大狗，才是小狗的追求。所以，小狗要争取让大狗的实力为自己服务，增加自己的竞争力，要在“大狗”的光环外找到自己的生存空间，直到自己成长为大狗。那样就可避免非议，在狗群博弈中胜出。

向优秀者学习

比尔·盖茨曾说过：“有时决定你一生命运的，在于你结交了什么样的朋友。”就像中国古语所说的“近朱者赤，近墨者黑”一样，犹太人对此有形象的比喻：“和狼生活在一起，你只能学会嚎叫。”的确，人在好的环境生活，有利于自己的发展。结交朋友也是一样，多和比自己优秀的人来往，更有助于成才。和优秀的人接触，你就会受到良好的影响，耳濡目染，潜移默化，成为一名优秀的人。

法兰西的陆军元帅福熙说过：年轻人至少要认识一位精于世故的老年人，请他做自己的人生顾问。萨加烈也说了同样的话：如果要求我说一些对年轻人有益的话，那么，我就要求他们经常与比自己优秀的人一起行动。

当人们在谈论被称为“股神”的巴菲特时，常常津津乐道于他独特的眼光，独到的价值理念和不败的投资经历。其实，除了投资天分外，巴菲特很早就知道去寻找能对自己有帮助的贵人，这也是他的过人之处。

巴菲特原本在宾夕法尼亚大学攻读财务和商业管理，在得知两位著名的证券分析师——本杰明·格雷厄姆和戴维·多德任教于哥伦比亚商学院后，他辗转来到商学院，成为“金融教父”本杰明·格雷厄姆的得意门生。大学毕业后，为了继续跟随格雷厄姆学习投资，巴菲特甚至愿意不拿报酬，直到巴菲特将老师的投资精髓学成后，他才出道开办了自己的投资公司。

人的一生看似和许许多多的人在打交道，但无论你的圈子有多大，真正影响你、驱动你、左右你的，一般不会超过八九个人，甚至更少，而通常情况只有三四个。你身边那几个人影响着你的利益得失，左右着你的思想感情，所以首先要慎重选择身边的朋友。

生活中，很多人都有一种自卑心理，他们对于那些地位比自己高，能力比自己强的人越是不肯去结交。反而总是乐于和比自己差的人交际。一方面担心自己会相形见绌，一方面担心别人议论自己爱抬高门槛。与不如自己的人交际，的确能使心中产生某种优越感。可是，仅仅满足于自己心灵上的慰藉是十分短浅的见识，因为从这些不如自己的人身上你很难学到一些有益的东西。要想往高处走，必须获得优秀朋友给自己的刺激，以助长自己的勇气。一个有能力的朋友不仅是我们的良伴，也是我们的老师。他们能指引你一条畅通无阻的大道，在奋斗的路途中少走弯路。即便你因为失败而灰心丧气时，他们也不忍坐视你的颓丧，反而会鼓励你重新站起。因此，编织自己的人脉网时需要有意识地结交那些比自己优秀的人，这样才能增强你在生存博弈中制胜的概率。

当然，优秀的人并不一定都是成功人士，只要他们在某一方面比你优秀，需要根据每个人的爱好、欣赏的角度、追求的过程、享受的结局去选取。或者是能力，或者是品质，或者是性格优势等，这些都可以看作是优秀的人。

当然，与优秀人物打交道，除了做好必要的知识储备和物质储备外，关键是保持良好的心态。

1. 克服自卑

当然，一个普通人要与一个优秀的精英人物缔结友情，是相当困难的事。因此，你首先需要战胜自己忐忑不安的自卑和恐慌心理。尽管你可能屡次遭遇热脸贴人家的冷屁股的现象，但是这很正常，毕竟“门不当户不对”吗？重要的是自己看得起自己，适当调整自己的心态。鼓起勇气，有屡败屡战的信念。

环顾我们身边那些事业成功的人，你会发现，他们共同的特点就是敢于去结交比自己优秀的朋友，哪怕之前自己曾是一介平民，是不入流的贩酒杀猪之类。因为他们相信：英雄不问出处。因此，他们敢于大胆地去表现自己。一旦当他们结交了那些优秀人士之后，他们的形象开始改变，行为开始改变，命运也开始改变。

一位推销员曾经造访一家企业的总裁。但是，当他进去后，无意中转身从门缝中看到，这张名片被总裁扔进了垃圾桶。

这位朋友并没有就此离开，他打电话告诉总裁："我可以取回名片吗？"

总裁感到有些意外，接着便找借口说找不到他的名片了。这时推销员又拿出一张名片，很有礼貌地说："请将这张名片送给总裁先生，希望您保管好。"

正是这种机智和坚韧使得他成功地获得了一次见面的机会，并最终获得了一份保险大单。

因此，制造与这些人物深入交谈的机会既需要深思熟虑，有意识地创造机会，也需要见机行事，迎难而上。

2. 设法与高端的人接近

一条高端人脉的建立，往往胜过十条普通的人脉。与处于高端的人物正确交往，是拓展人脉的重中之重。

有一位初出茅庐的小伙子自创一套认识名流的方法。每次出差，尽可能地选择头等舱。尽管为此他需要自己支付大笔差旅费，但因此他却获得了可以和一流人士接触的机会。由于在飞机上空间相对封闭，又无事可做，所以对方通常都不会拒绝，可以好好聊上一阵。

通过这种方式，他认识了不少顶尖人物，对他后来事业的发展提供了非常巨大的帮助。

当然，你还可以将你所在城市的著名人士列出一张表，再将会对你的事业有所帮助的人也列出一张表，之后就是每星期去结交一位这样的人。如果你在拓展人脉过程中有幸结识了一些大人物，如政府高官、公司总裁、媒体精英等，一定要注意把握好这些人脉，适当利用。

3. 表现出优秀的自己

即便是优秀人物也不是对谁都肯施舍友情的，毕竟他们的时间有限。因此，要学会换位思考，想一下他们凭什么愿意和你交朋友，你能给他们带来什么好处。

在拜访他们时要尽量表现自己优秀的一面，让他们发现你的独特之处，或者是趣味相投，或者是能给他带来快乐，或者是感觉你有潜力可挖等。总之，首先让他们看中你，才会想办法帮助你。帮助你不但能使对方感到高兴，而且也会鼓励你战胜困难的勇气。

4. 双赢的心态

凡是结交优秀人物的人，很多人是想从他们那里得到帮助。可是，若是你一直在他身边谈自己的利益，会让他认为你唯利是图。而如果你在他面前从来不谈利益，反而也会让他对你产生戒心。因此，最好的办法，就是让对方听到或看到你所做之事与他有着紧密的利益关系。如果你能以双赢的心态跟他交流，那是再好不过了，他会觉得你这个人比较实在。

5. 唤起对方的亲近感

与优秀人物交流时，你当然可以以合适的方式引导他们说一些你最关心的话题。但是，千万不要抢话，要把时间留给他们，这样他们会觉得你懂规矩、彬彬有礼，而且你也可以学到更多的东西。

6. 少在别人面前炫耀关系

当然，结识优秀人物往往会引起别人的关注。如果你此时嘴上没有把门的，经常吹嘘自己和大人物的关系如何密切，就会让大人物反感，认为你人品不好。如果得意忘形，以为就此可以攀龙附凤而不可一世的态度当然更不足取。因此，要注意处世低调。

总之，结交优秀人物是人之常情。因此，不用因为害怕别人的流言蜚语。与优秀的朋友交往是一种幸福，可以让自己得到更高层次上的、精神上的愉悦。在人生道路上如果能够多结交几个优秀的朋友，势必让自己的人生更精彩，更充实，更丰富。因此，拿出勇气和智慧，与优秀人物交往、沟通，不断地从内在和外在两个方面提升自己，有一天，自己也会迈入优秀之列。

借助他人的能力

有经济学者说："实力不够，就自己做车厢，挂人家的火车头。"在人生的博弈中，有些事情自己看来难如登天，在别人眼中却易如反掌。这个时候，我们要学会如何借助别人的力量，顺利实现自己的愿望。

几年前，温州有一家生产摩托车车把、闸座的小厂，其产品表面的防腐性能甚至超过了日本的企业标准，从而成为替代日本进口原件的产品。但由于该厂各方面的条件有限、实力不足，想要发展力不从心。经过长时间的思考之后，厂长觉得唯一的出路就是与其他有实力的企业合作。于是，该厂争取到了与一家著名摩托车企业的产品配套合作。两年后，双方共同出资建立了一家摩托车配件有限公司。

随后，小厂利用赚到的钱，不断地进行扩张，产品由原来的摩托车车把、闸座一类产品，发展到了轮毂、油箱……直到生产整车。时机成熟后，它脱离了与大企业的合作关系，成了一个独立的摩托车整车生产企业。

小厂选择与大企业合作无疑是明智之举。在一条产业链中，小公司的位置相对来说较低，因此，借助这些他人的优势可以迅速成长。而大公司，通过与小厂合作也能弥补自己的技术劣势。因此，无论是小厂还是大企业，在合作中都得到了意外的收获。

企业发展需要借助优秀的人，为人处世中，也需要善用对自己有利的人，借助他们的优势。当然，这是一件依赖于技巧和判断力的事。因此需要掌握借的艺术。

1. 清楚需要借什么东西

首先，你需要借的东西是自己不具备，而且是急需派上用场的。如果你借的是对自己无用的东西，别人会怀疑你别有用心；如果你借来不是急用的东西，那就降低了他人资源的使用率。因此，明白这两点是借的最基本最必要的条件。

2. 明确指定借的对象

在你的人脉网中，肯定有很多优秀的人。可是，并非那些优秀的人都肯向你提供帮助，那么，什么样的人才能帮助你呢？这就需要明确借的对象。

许多大学生在毕业后想要创业，于是便找风险投资商去借钱，这无疑是向和尚借梳子——找错了门。这些风险投资商一般看到的都是高科技、高利润、回收快的项目。大学生多是白手起家、小本创业，创业门槛低，大多数都没有什么高科技可谈。因此，找这些资本家投资家借钱成功率很低。

因此，要找对自己要借的人，那么可以说是成功一大半了。

3. 讲究借的办法

其次，要讲究借的方法。比如，有的人天生就不会说“不”，对这样的人，不必用任何手段与心机。而对于那些口口声声说“不”的人，则需要花费你的心智和谋略。与这类人交往的时候，时机的选择很重要。如果别人没有看穿你的意图，那么，你就要在他心情愉快、灵魂与肉体都觉得惬意的时候说出你的请求。

4. 掌握借的分寸大小

借，当然不能狮子大开口，但是也不能因为要借对方的资源而对对方言听计从，失去自我。特别是女性，在需要借助男人的帮助时，更要掌握借的分寸感。在这方面，英王伊丽莎白很巧妙地掌握了这个艺术。

伊丽莎白作为英国最高的统治者，在妙龄时期一直未婚，因此成了许多国家王公贵族们追求的对象。为了得到这位“童贞女王”的青睐，一些胆大妄为的家伙想尽各种办法来诱惑她，但她总能很好地把握对待他们的分寸。

当时，英国与西班牙发生了领地归属问题，英国需要和法国结盟。当时，法国国王两个兄弟都年轻英俊而且未婚，他们也有意于伊丽莎白。因此，英国人也认为这是女王婚嫁的大好机会。

而事实是，伊丽莎白一直巧妙地在这两个兄弟间周旋，既让他们每个人都抱有殷切的希望，让他们围绕在她周围听她的调遣，但又没有任何实质举动。直到英法两国签订了和平条约，伊丽莎白才很礼貌地拒绝了他们。

至此，两兄弟才明白伊丽莎白是借助了他们的力量来说服哥哥和英国结盟。但是，木已成舟，悔之晚矣。

伊丽莎白巧妙地借助对方的力量，既没有让自己委曲求全，又为自己的国家化解了危机。

5. 主动给对方贴金

既然是借，当然借的内容有很多，可以是借钱，也可以是借名、借实力。可是，当你身无分文，没有什么知名度时，要想借到对方的钱是很难的，对方也不一定会同意和你合作。这时，你怎么办？可以主动给对方贴金。

这绝对不是单纯地巴结对方，而是借助对方的名气来提升自己。在这方面，蒙牛的成功借术值得学习。

蒙牛在刚启动市场时，只有区区一千三百多万元的资金，与伊利、草原兴发这些大企业相比不过是个相当于“指甲盖”大小的小厂，为此，蒙牛做出了“为别人做广告”的决定，将“为民族争气、向伊利学习”“争创内蒙古乳业第二品牌”“千里草原腾起伊利集团、蒙牛乳业——我们为内蒙古喝彩”等广告打在产品包装上，事实上，这些广告看似是对伊利的赞赏，同时也使蒙牛和乳业第一巨头伊利并驾齐驱，在消费者心里留下深刻印象。实际上，伊利等大品牌是蒙牛难望其项背的，但蒙牛通过广告使自己与对方平起平坐，使消费者感觉蒙牛与这些品牌一样，也是名牌，无疑提升了自己的知名度和档次。

总之，在人生的博弈中中，只要你头脑灵活，善于思考借术，就能借助外在的力量，在为人处世中顺风顺水，不但能顺利达到自己的目的，也会赢得多方皆大欢喜的局面。

借梯登高，多多益善

借，不仅可以向自己的人脉圈中亲朋好友借，志同道合的人借，也可以借助对手的势力和资源。特别是当对手比你强大时，要善于顺水推舟，借梯登高，化解危机。

唐玄宗时，姚崇和张说同朝为相，两人经常明争暗斗，互不相让。

后来，姚崇患了重病，日甚一日，知道自己不久于人世，担心张说报复自己的儿孙，临终前就把几个儿子叫到床前，说："有些话必须跟你们说一下。张丞相与我同朝为官多年，言来语去，多有摩擦。一死万事休，这对我没什么，但如果他罗织罪名，我一旦获罪，肯定会株连你们。"

几个儿子听后心情很不爽，于是问父亲应该怎么办？姚崇缓缓说道："我死以后，张丞相必以同僚身份前来吊唁，你们多拿一些我平生喜欢的东西，如各种宝器陈列到帐前。如果他看不到这些东西，恐怕全家人都会遭到他的迫害；如果他注意这些东西，你们就将这些东西送给他，然后请他撰写我墓碑的碑文。得到他写的碑文以后，立即就上报给皇帝，并先将石料准备好备用，尽快镌刻。这样盖棺论定谁也改变不了了。"

儿子们一听父亲言之有理，因此在姚崇死后依计而行。开始，张说得到了自己喜欢的宝器很是满意，为表感激也答应了为姚崇撰写碑文，当然免不了赞扬一番。可是，一寻思又觉得不对，姚崇与自己素来相争，怎能突然大发慷慨之心呢？等他醒悟过来索要所写的墓碑时，得到的回答是：生米已做成熟饭，皇帝都同意了。张说因此后悔不已。既然皇帝都对姚崇的碑文认可了，自己怎能推翻这些，冒天下之大不韪呢？因此也无法嫁祸于姚崇的儿子们。

姚崇的聪明就在于善于借助对手的力量，“因人之性，借人之手”，达到制人的目的。

在人生的博弈中，每个人都不会处处全于优势地位，即便自己能处于暂时的优势也不能保证自己的儿孙后代都能处于优势地位。当我们面对着自己的优势丧失，对手会乘机反扑的时候，要明白自己有哪些可以让对手利用的资源，投其所好，或者进入第三者来制衡对方。这样，就可以化解即将面临的困境。从前有一个妇女，荒淫无度，常搞婚外情，于是，和情人一起想方设法陷害她丈夫。一天，她的丈夫要出远门。这个妇女觉得在路上下手神不知鬼不觉，于是就骗丈夫说：“你要到远方去，我为你制作了许多你爱吃的甜饼子。你如果在途中饥饿就可以食用。”

丈夫感到妻子很体贴，一番恋恋不舍地告别后，就踏上了路程。

不知不觉，天色已晚，这位男人就决定在树林里夜宿。因为害怕夜里猛兽攻击，他爬上树，到一个高处的山洞口中去睡。可是，却把包裹中的甜饼子忘在了树下。

这天夜里，正巧有一群盗贼偷了国王的马和许多宝物，逃到树林里。由于仓皇奔逃，一路上又渴又饿，在树下见到了甜饼子，每人分了一个吃了。没想到这些盗贼不一会儿全部都毒死了。

天亮后，这个人从山洞里出来，爬下树一看，见一群强盗全部毙命，他很奇怪。看看甜饼子一个也没留下，他又有些疑惑。

这时，国王正带着兵马根据盗贼留下的足迹追赶过来，国王看到强盗毙命，十分高兴，于是，不但赏赐了他许多珍宝，还封给他一个村落享受供奉。当然，这个人也休掉了妻子。

有时，能力强的人不一定就能胜出，处于劣势的也不一定就无出头之日。就看你善借不善借。即便是你的冤家对手，说不定也会帮你的大忙。这个人就是在无意中妻子的歹心帮了他的忙。这就是混沌博弈的另一面。因为万事万物都是有联系的，假如有第三方制衡，对手的计谋就不一定能实现。也许会成为你命运的转机。

当然，像这种偶然的幸运是很少的，因此，当对手的资源繁多的时候，需要人审时度势、巧谋善断。

在中国历史上，懂得借助竞争对手智慧的人不在少数。最典型的是清朝的孝庄太后借助多尔衮的势力。虽然野史把孝庄太后与多尔衮演绎成敢于叛逆的情投意合的有情人，但是，历史绝不是这么简单。

清朝顺治年间，年幼的福临在北京登基后，野心勃勃的多尔衮从来就没有放弃过自己的称帝梦想。因此，年轻的孝庄皇太后忧心忡忡。多尔衮能征善战，政治经验丰富。他利用手中的军政大权结党营私，打击异己，大皇子豪格被幽禁致死，济尔哈朗一夜之间就成了草民。眼看福临的帝位岌岌可危，孝庄太后怎能不担心？以他们孤儿寡母的力量，要想牵制多尔衮难上加难。

怎么办？面对这种情形，孝庄做出了惊人之举——下嫁多尔衮。就这样，摄政王多尔衮成了幼帝的继父。皇太后公然下嫁后，多尔衮拜倒在了孝庄的石榴裙下，一时忽略了志在必得的无上皇权，全力辅佐年少的皇帝。孝庄皇太后以此举保证了母子平安，也保持了朝廷政局的稳定。

对孝庄太后来说，多尔衮虽然英俊强悍，但是，她追求的不是浪漫的爱情，而是从权力博弈的角度考虑的权衡，是“小猪”借“大猪”来化解危机的博弈之道。与多尔衮联姻，既能消除政治上最大的竞争对手，又可以借助对手的实力稳固自己的地位。因此，孝庄才运用这种借术。当然，一旦时机成熟，还要制服多尔衮。

等顺治帝的地位稳固后，顺治七年十一月，多尔衮因打猎跌伤后，马上就被人告发要谋逆。因此，顺治和孝庄一不做二不休，马上对多尔衮治罪。至此，再也没有外在力量威胁顺治的皇位了。

在孝庄病死后，也许是因为觉得下嫁愧对前夫，没有与其合葬，遗命葬于东陵，但是，在清朝的历史上，在女性政治家中，孝庄太后无疑都是审时度势、智慧果断的人物。

也许你会说，孝庄这是感情博弈，利用了女性的优势。其实，不论男人还是女人，运用感情的力量在博弈中都是不可忽视的。即便在借助对手的资源和实力时，如果你能用感情征服人心，也会赢得命运的转机。虽然大多数人的行为都有目的性，都是为了得到一定的利益，但毕竟，人类是感情动物。

在韩信和刘邦的这场君臣博弈中，韩信之所以不背叛刘邦，是念刘邦对他的恩情而不忍。刘邦深知自己的缺点，知道自己的能力有限，就必须借助其他人的能力。因此，刘邦不爱金钱、不惜封赏。这些都深深打动了部下。当别人劝韩信谋反时，韩信念及刘邦对自己的厚爱，竟然不忍下手。在韩信看来，自己所得到的都是刘邦给自己的，自己欠刘邦的，因此一直惦记着如何报答刘邦，更不用说回去反刘邦。如此，在下一次的合作博弈中，刘邦在感情上就占了先机。

由此可见，要借助对手的实力除了利益外，也可以运用情感的力量来打动对方。一旦人心被打动，帮助你也就是自然而然的事了。

总之，人的一生，谁都难免会碰到一些左右为难的困境，不论是在感情的选择上还是在事业的选择上。此时，要冷静考虑。当自己或者自己的同盟军都没有什么可以支持帮助自己的时刻，不妨借助对手的力量。当然，这种选择的前提是以大局为重，充分权衡各方得失，而不是感情用事。

当然，借助对手的力量在于提高自己的实力，只有提高自己的实力才能制衡对方。即便当时的结果不能称心如意，也能一步步地摆脱困境，日后总有反败为胜的机会。那么，当竞争的各方都足够重视你的存在和你的意见时，你的影响力就提升了。此时，你就成为强势的一方，博弈局势会向着有利于你的局面而转变。也许他人反而要借助你的优势了。

学习交流，取长补短

在 20 世纪 30 年代，英国送奶公司送到订户门口的牛奶既不用盖子也不封口。这样，就便宜了那些麻雀和红襟鸟。它们可以很容易地喝到凝固在奶瓶上层的奶油皮。

后来，牛奶公司接到用户的投诉后开始把奶瓶口用铝箔纸封起来。可是，不久仍然出现这种现象。原来，麻雀仍能用嘴把奶瓶的锡箔纸啄开。然而，红襟鸟却一直没学会这种方法。

这是为什么呢？原来，麻雀是群居的鸟类，当某只麻雀发现了啄破锡箔纸的方法，就可以教会别的麻雀。而红襟鸟则喜欢独居，更不喜欢沟通。因此，就算有某只红襟鸟发现锡箔纸可以啄破，其他的红襟鸟也无法知晓。

不可否认，实际生活中，作为一个有理性的人，谁都不愿意甘冒风险而为他人带来好处。如果是这种情况，独享的结果只能是退化，其结局必然是整体利益受到损害。

在为人处世的博弈中，有这种封闭自私心态的人不妨学一下猎鹿博弈的故事：

古代的村庄有两个猎人。当地的猎物主要有两种：鹿和兔子。如果一个猎人单兵作战，一天最多只能打到 4 只兔子。只有两个一起去才能猎获一只鹿。从填饱肚子的角度来说，4 只兔子能保证一个人 4 天不挨饿，而一只鹿却能让两个人吃上 10 天。这样两个人的行为决策可以形成两个博弈结局：分别打兔子，每人饱食 4 天；合作，每人饱食 10 天。

显然，两个人合作猎鹿的好处比各自打兔子的好处要大得多，但是要求两个猎人的能力和贡献相等。如果一个猎人的能力强、贡献大，他就会要求得到较大的一份，这可能会让另一个猎人觉得利益受损而不愿意合作。因此，在为人处世的博弈中要学会充分照顾到合作者的利益，与对手共赢。

米歇尔是一位刚刚在电视上崭露头角的青年演员，他需要有人为他包装和宣传以扩大名声。不过，要建立这样的公司，米歇尔拿不出那么多钱聘用高级雇员。

偶然的一次机会，米歇尔遇上了莉莎。莉莎在纽约一家公关公司，但她很不得志。一些比较出名的演员、歌手、夜总会的表演者不愿意同她合作，因为信不过她的能力。

但是，米歇尔和莉莎相遇后，俩人都坦诚地说明了自己的优势和劣势，以及目前困扰自己的问题。结果，他们发现，两个人结合起来就可以弥补自己的缺陷。米歇尔相比莉莎之前代理的小零售店主不知高出多少档次。和米歇尔合作，可以提高莉莎的地位。而莉莎娴熟自如的公关手段可以弥补米歇尔在这方面的不足，关键是不用米歇尔投资，一切都是莉莎运作。于是他们一拍即合，把两个人拥有的资源都无偿贡献出来，重新排列组合。结果，他们的合作达到了最佳境界。莉莎让自己熟悉的那些较有影响的报纸和杂志把眼睛盯在米歇尔身上。

这样一来，两个人的优势互相结合，米歇尔借助莎莉提供的媒体平台马上出名了；而莉莎呢，借助米歇尔的实力和名气构筑的平台，收入和声望也都得到提高，甚至一些有名望的人甚至纷纷邀请莉莎做他们的代理人。这样一来，两个人随着名声的增长，在娱乐圈始终处于有利的地位。

在当今市场条件下，一个人能否取得成功，不在于拥有资源的多少，而在于整合资源的能力。任何一个人、一个组织都不可能具备所有资源。你可能有技术而没有好的项目，你也可能有好的项目而没有资金，你还可能懂经营会管理而没有资金、技术和项目，因此，学会资源共享和整合就显得特别重要。

在人生的博弈中，不论你面对的是恶劣的自然环境还是激烈的市场竞争，一定要提升自己的合作能力和资源整合的能力。只有把自己的资源与他人充分共享，才能取他人之长而补己之短，才能互相构筑起一个更高的平台。这样一来，双方都可以在这个高起点的平台上实现跨越和腾飞。这也是正和博弈最终要达到的目的。

法则 9

攻心为上，打好感情牌

“顺毛驴”的可爱之处

生活中人们常常说，小孩子都是“顺毛驴”，越打骂越糟糕。其实，不仅小孩子，每一个人都有被认可、被同意的天性。谁也不想与跟自己意见相左的人讲话。人人都是顺毛驴，掌握这个规律，才能弹响说服的前奏。看似是顺从别人说话，其实是牵着对方的鼻子跟着自己走。

在同人交谈尤其是求人办事的时候，急功近利的做法只能让对方对你失信心和好感。如果对方没有要和你妥协的意思，甚至想法和心意跟你完全背道而驰，你应该学会先隐藏你的真实意图，先顺从对方的意思，在不知不觉中博求对方的好感。

柯达公司是世界上最大的影像产品及相关服务的生产、供应商，其创始人伊斯曼想在罗彻斯特建造一座音乐教堂、一座戏院和一座纪念馆。他承诺说，会给承包工程的人 9 万美金的资助。这对制造商来说是个天大的好消息，他们都想得到这些建筑的承包权。但是在伊斯曼和他们一一面谈后，仍然没有确定把承包权给谁。

一天，“优美座位公司”的经理亚当森来到伊斯曼的办公室。当时伊斯曼正埋头于桌子上的一堆文件，他便没有打扰他，只是仔细地打量起他的办公室来。

不知过了多少时间，处理完文件的伊斯曼抬起头，正好看到亚当森在办公室里，便说“先生有何指教？”

“伊斯曼先生，在我等您的这段时间里，我仔细地观察了您的这间办公室。我本人长期从事室内的木工装修，但是从来没见过装修得这么精致的办公室！”

亚当森没谈生意，倒与伊斯曼大谈起装修心得来。

“哎呀！你提醒了我。这间办公室是我亲自设计的，当初刚建好的时候，我非常喜欢它。但是后来一忙，一连几个星期都没有机会仔细欣赏一下这个房间了。”伊斯曼回答说。

“我想这是英国橡木，对不对？意大利橡木的质地不是这样的。”亚当森走到墙边认真地说。

“是的！那是从英国进口的橡木，是我专门托人在英国定的货。”伊斯曼兴奋地站起来说道。这时，他已经全然忘记了烦琐的事，带着亚当森自信地参观起了自己的办公室，并如数家珍般地向亚当森介绍每一件装饰，甚至连木质、颜色、手艺、价格都详细地说了又说。

此时的亚当森却只是微笑着聆听，并表现得非常感兴趣。最后，直到亚当森与伊斯曼告别时，他都没有谈半句生意上的事情。但是最终的结果可能大家都已经猜到了：他得到了承包权，以及伊斯曼提供的 9 万美元。

故事中的亚当森并没有一上来就表明自己的意图，而是悄悄地做了一个倾听者。但这种倾听和认同让伊斯曼高度放松，在对方得到愉悦的时候，亚当森也得到了他想要的。

当你听到“收银的”“上菜的”之类的词汇你会怎么想？感觉这称呼对人毫不尊重，或是对该职业的有贬低和不屑之意。尤其在上司对下属的支使中，不恰当的词汇让员工常常苦恼，又敢怒而不敢言，最后情绪无处发泄，让自己的身体和工作质量大受影响。

美国有家全国性的卡车服务公司，管理层经过统计发现，他们送的货物有万分之六会送错地方。为此，公司每年要赔偿 25 万美元。于是，公司请戴明博士为他们想办法。戴明调查之后，发现送错货都是因为公司的司机看错了送货合同的地址造成的。为了一劳永逸地消除这个错误，提高公司的服务品质，戴明博士建议把这些工人或司机的头衔改为技术员。

开始，公司对这种做法也很怀疑，改个称呼就能消除错误吗？然而，没多久绩效就显现了。那些司机的头衔改为技术员后不到 30 天，万分之六的错误下降为万分之一，公司一年节省 20 多万美元。

戴明博士的做法就是顺着员工的想法，给他们良好的情绪同时赋予其职位责任，效果令人称赞。

先“得寸”，再“进尺”。在对方完全拒绝你的要求的时候，不妨先从对方的条件考虑缩减自己的预期利益，然后在实施的过程中不断使自己的利益最大化。最后你会发现，你得到的比想象的还要多。

在澳大利亚墨尔本，有位女记者要采访一位权威人士，打算请他就海洋动物保护问题做 15 分钟的广播讲话。这位权威人士非常忙，曾经拒绝过很多记者的要求。如果直接提出占用他 15 分钟时间，他可能会拒绝。这位记者在电话里是这样说的：“在百忙中打搅您，我感到很过意不去。我们想请您就海洋动物保护问题谈谈看法，大概只要 3 分钟就够了。听说您日常安排极有规律，每天下午四点都到户外散步。如果可能，我想是不是可以在今天下午的这个时候拜访您呢？”结果这个权威人士接受了要求，采访于下午 4 点准时开始。当记者告别时，时间过去已整整 20 分钟了。

这颗糖衣炮弹的赞美

每个人都存在着渴望被人肯定的心理需求，而真诚的赞美最能满足这种需求。一旦我们满足了别人的这个需求，说服就会变得非常容易。

在社会生活中，我们的一言一行都与其他人密不可分，即使最特立独行的人，心中也希望获得他人的肯定。如果你真诚地赞美一个人，必然会让他感到鼓舞，认为你理解了他的价值，对你心存感激，视你为知己，进而愿意做更多你希望他去做的事。

一位焦虑的父亲带着儿子来到心理学家的办公室。父亲说："这个孩子让我伤心透了，他身上连一个优点都找不到。"心理学家注意到，他说这句话时孩子的眼角噙着泪水，显然，父亲的这种说法已经伤透了他的自尊心。心理学家决定把孩子带回家帮助他。任何孩子都有值得称赞的地方，于是，心理学家开始从孩子身上寻找某些他能给予赞许的东西，结果他发现这孩子喜欢雕刻，并且工艺很巧妙，而他在家里曾因在家具上雕刻而受到惩罚。于是，心理学家为他买来雕刻工具，还告诉他如何使用这些工具，同时真诚地赞美他："要知道，你雕刻的东西比我所认识的任何一个儿童雕刻得都好。"不久，他又发现了这个孩子几件值得赞美的事情，他同样采取了热情赞美和鼓励的方法。日子一天天过去，这个孩子的变化使得每个人都大吃一惊：没有什么人要求他，他把自己的房子清扫一新。当心理学家问他为什么这样做时，他说："我想你会喜欢。"

人在被欣赏和称赞时，心理上会产生一种"行为塑造"——我们会试图把自己塑造成具有某种优点的人。并且，这种塑造有心理强化作用，会不断鼓励自己向着某个好的方向发展，真正具备人们口中的某些优点。正是在这种自我塑造的过程中，我们产生了一种不断前行的力量。

在居民小区的早点铺子里，有两位顾客都想让老板给他添些稀饭。一位皱着眉头说："老板，太小气啦，只给这么一点，哪里吃得饱？"结果老板说："我们稀饭是要成本的，吃不饱再买一碗好啦。"无奈这位客人只好又添钱买了一碗稀饭。另一位客人则是笑着说："老板，你们煮的稀饭实在太好吃了，我一下子就吃完了。"结果，他拿到一大碗又香又甜的免费稀饭。

可见，如何赞美别人也是一门学问，并非一切夸人的话都会让人心花怒放，倘若赞美并非发自真心，说的与实际情况不符，比如明明是丑女却夸她美若天仙，那只会引起对方的反感。只有基于事实的赞美，才会让对方欣然接受，并觉得你是真正懂得欣赏他的人。

古时有一个说客，说服别人的功力堪称一流。他曾当众夸口道："小人虽不才，但极能奉承。平生有一志愿，要将一千顶高帽子戴给我遇到的一千个人，现在已送出了 999 顶，只剩下最后一顶了。"一长者听后摇头说道："我偏不信，你那最后一顶用什么方法也戴不到我的头上。"说客一听，忙拱手道："先生说得极是，不才走南闯北，见过的人不计其数，但像先生这样秉性刚直、不喜奉承的人，委实没有！"长者顿时手持胡须，扬扬自得地说："这你算说对了。"听了这话，那位说客哈哈大笑："恭喜先生，我这最后一顶高帽已经戴到先生头上了。"

这个故事生动地说明了，再刚正不阿的人，也无法拒绝一个说到他心坎上的赞美。每个人身上都可以找到值得夸赞的地方，只要我们有一双善于发现的眼睛，努力去找寻别人值得夸奖的极小事情，寻找你与之交往的那些人的优点，那些你能够赞美的地方，形成一种每天至少五次真诚地赞美别人的习惯，这样，你与别人的关系将会变得更加和睦。

所以说，说服他人的时候一定不要忘记赞美，真诚地欣赏和赞美他人，是说服的一个强有力的武器。

设身处地为别人着想

生活中说服的最佳结局是双方达成共同认识，而启发对方进行心理位置互换，让对方设身处地地体验别人心理，主动调整自己的态度和行为方式，则是达到这一目的的行之有效的方法之一，这种方法就是将心比心术。

下乡知识青年罗虹在农村和农民德海结婚并有了个女儿。后来回到城里，重逢昔日的恋人，欲待重修旧好，却又遭到爸爸的反对。正当她举棋不定之际，农村的丈夫德海又被人诬告而入狱。罗虹进退维谷，不知何去何从。她向奶奶寻求帮助。

奶奶对她说："你的事，奶奶全知道，如今你打算怎么办？"

"不知道，我……我说不出来……"

奶奶说："奶奶知道你委屈。人，谁没点委屈呀，我 24 岁那年，你爷爷就牺牲了，本家本村的都劝我再找个主儿。你曾爷爷跟我说：'女儿，地头还长着呢，往前去一步吧。'我不愿给孩子找个后爹，硬是咬着牙过来了。儿子一个个长大了，参了军，又一个个地牺牲了。可我没在人前掉过一滴眼泪。人活着，就是为了别人，去受苦，去受难。天底下哪有那么多幸福？要说委屈，就先委屈一下自己吧！"

罗虹说："可我以后的路该怎么走啊？"

奶奶说："做人呐，前半夜想想自己，后半夜想想别人。你和那个小伙子倒是挺般配的，可就算你俩成了，日子过得挺舒心的，你就保准一早一晚地不想德海他们父女？那时，你虽吃着蜜糖，但却忘不了人家在喝苦水。你甜在嘴上，苦在心里。甜的苦的一掺和，一辈子都是块心病。我今年 80 了，什么苦都尝遍了，可就是没留下一件亏心事。俗话说，‘人’字好写，一撇一捺，真正做起来就难了！”奶奶说的话句句动人心。

“奶奶，我懂了。”罗虹擦了擦眼泪，说：“我今天就回家去带孩子，侍候婆婆，等着德海。”

奶奶劝说之言语重心长，而且，她用通俗的语言，站在对方的立场上，设身处地地给孙女分析情况，从而使孙女做出正确选择。

用语言作假设，可达到将心比心的目的；也可用自己的行为，现身说法，让对方体验别人的心理，进而对他的言行做出调整，同样可达到将心比心的目的。

某商店有位营业员很会做生意，他的营业额比一般营业员都高，有人问他：“是不是因为能说会道，所以生意兴隆？”他回答说：“不是，我的秘密武器是当顾客是自己人。”

有一天，某位顾客站在柜台前东瞧瞧，西看看，还不时用手摸摸摆在柜台上的布料，却不肯买货。凭经验，营业员判断这位顾客是想买块面料，于是赶忙迎上前去说：“您是想买这块料子吗？这块料子很不错，但是您要看仔细，这块布染色深浅不一，我要是您，就不买这一块，而买那一块。”

说着，营业员又从柜台里抽出一匹带隐条的布料，在灯光下展开接着说：“您像是机关里的干部，年龄和我差不多，穿这样料子的衣服会更好些，美观大方，要论价钱，这种料子比您刚才看到的那种每米多三元多钱，做一身衣裳才多七元多，您仔细看看，认真盘算盘算，哪个合算。”顾客见这位营业员如此热情，居然帮自己选布料，挑毛病，于是不再犹豫，买下了营业员推荐的料子。

这位营业员之所以能成功地做成这笔生意，就是因为运用将心比心术。站在买者的立场上替顾客精打细算，现身说法，使对方戒备心理、防御心理大大降低，而且产生了一致的认同感，故而说服了对手，做成了生意。

将心比心术，是站在对方的角度谋划和考虑，了解他的心理，了解他的需求，了解他的困难，这种说服方法容易使对方接受，达成统一认识。

示弱的好处

高处不胜寒。处处以强者自居，不仅让人对你敬而远之，甚至招致非议，事不能成。适当表现自己的弱势，别人反而会主动地安慰你、鼓励你；在消除嫉妒、冷漠的同时，也得到了对方的心！人人都有同情心，所谓退一步海阔天空，有退才能有进，大愚才是大智！

我们身体健康的时候，似乎很难得到别人的注意和关心。但当我们病了，哪怕是对你平时有所不满的人，也会拿着鲜花来医院看你。这时，你会得到他人分外的关心和帮助。所以，适当示弱，会赢得更多的机会，最后终能逞强。

上世纪末的美国芝加哥，对金融犯罪严惩不贷，打击力度非常大。期间，一位名叫萨德的保险核定员，因为诈骗保险金被法庭指控。因证据不足被保释后，他因为害怕被再次逮捕而想方设法避免法律制裁。考虑再三之后，他想起了唯一可能看到他作案的速记员。只要说服她不参加作证，就没人敢再扣押他了！

这位速记员是受雇于他已多年的年轻女子，名叫海伦。萨德找到海伦说明企图，这当然也遭到了对方的直接拒绝。而后，萨德改变策略，换成他的妻子和孩子去找海伦。他们一再重复自己的困苦和离开萨德后可能面临困境，最终海伦抵挡不住他们的苦苦哀求，向法官做了伪证，说："萨德那天并没有到芝加哥上班。"

结果，萨德因为其他人的证据和监控录像被判有罪，而这位富有同情心的女子也因此被起诉犯了伪证罪。海伦当然不想因为这样的事情就陷入牢狱之灾，于是，她也委托一位著名的律师帮她辩护。律师同样被她的苦苦诉求而感动，答应替她出庭辩护。

律师不断地找州长诉说海伦不得已而为之的真相和她家贫穷的生活现状。州长原来严厉的态度竟然被同情心一点点消释，逐渐变为了对海伦的同情和袒护。

“我深深理解你为什么这么做，错不在你，可怜的小姐。”州长用遗憾的神情对海伦说。

“州长，我希望您能原谅我，我全家就靠我一个人赚钱养活。”海伦又一次道出了生存危机。

州长犹豫了一下说：“你的罪行不算重，等你判刑之后，我会以最快的时间宽赦你的，放心吧，可怜的姑娘！”

就这样，海伦最后笑容满面地走出了法庭。律师也完成了别人认为不可能完成的任务，而且只凭一张嘴。

当你的对手比你强大百倍甚至只有依附他才能突围的情况下，我们不妨放弃盛气凌人的姿态，主动示弱，也许会获得意想不到的结果。这位律师运用的其实就是“攻心”中“主动示弱”的语言战术，他不停地表现自己和女速记员的困境，以弱者的姿态直取对方的恻隐之心，最后博得了对方的同情。

由此我们可以想到围绕在我们每一个人身边的上下级关系。很多人谈“领导”色变，一到领导面前就支支吾吾，不知道该说什么。无论是咨询问题、提出建议还是代表团体申请东西，都害怕言语不慎毁坏了留在领导心中的好印象。

其实，跟领导相处很容易。在咨询问题的时候主动放低姿态，事实证明，无论是大领导还是小领导，都有不同程度的“教育情节”或者说是“好为人师情节”。当你像学生一样向他请教时，没有人会拒绝你的问题的。这就是为什么现在电视中被访谈人都喜欢被尊称“老师”，而不是其他称呼。

这一招在提出建议的时候尤为奏效。领导都是爱面子的，你直接告诉他建议方法会让他认为是“反驳”。但是建议中常用“您看这样是不是……”和“您觉得……”的句子更容易被领导接受。最好的建议是在领导理论基础之上的扩展，是对领导观点的有益补充，领导当然欣然接受。

低姿态不是手段，而是一种态度。美国总统林肯在年轻时与他上司的关系并不好，也曾为自己的上下级关系而深深苦恼。后来，他得知这位上司很喜欢读书，就开始看跟上司一样的书，然后挑选一些富有争议的问题去请教他的上司。一来一往之间，林肯用这种虚心讨教的方式消除了上司对他的成见。林肯在后来仕途上的进步，也得到了这位上司的大力支持。林肯确实是采用了低姿态去亲近上司，也收到了很好的效果。同时我们也看到，低姿态确实不是一种手段，而是一种诚恳的态度。与人的交往当中，主动示弱会调动对方对你的关爱，从情感上获得与对方心灵的接近。同情，靠的不是虚情假意；攻心，靠的也不是尔虞我诈。

不仅仅是当你有求于人时要放低自己的姿态，当你的地位在对方之上时同样需要低姿态和示弱心理。当你的地位高于对方，对方很可能因为种种原因而无法跟你放开交谈和敞开心门。这时你可以揭露一些自己的弱点，比如：学历不高、不会处理关系、知识陈旧等，也可以适当地给人一些“成功也不是那么容易”“领导也不是万事大吉”的印象，这会大大增加你们的联系性，更利于开展工作。

当你对下属安排事情的时候，运用的语言也很关键。有些事情可能大多数人不太愿意去做，这时你可以说“这不会让你太为难吧？”或者“我的要求是不是过分了？”即使你的确有些强人所难，对方也会不忍心拒绝你的请求。

给对方留足面子

中国人好面子，俗语说“人活脸，树活皮，土墙活着一堆泥”。著名作家林语堂在《脸与法治》一文中就说，“中国人的脸，不但可以洗，可以刮，并且可以丢，可以赏，可以争，可以留，有时好像争脸是人生的第一要义，甚至倾家荡产而为之，也不为过。”

其实，众多的说服方法都归向一途——取悦别人得到信任。在别人有优越感的时候是这样，在别人没有优越感的时候更是这样。在中国，“面子”问题既然是个大问题，能充分照顾别人的面子，给足面子，也就是为自己的说服铺平了道路。

一家旅馆的老板想招聘一批员工，这天测试 3 名前来面试的男性。老板问：“假如你无意推开房门，看见女房客正在淋浴，而她也看见了你。这时，你应该怎么办？”

第一位应试者说：“可说‘对不起’，然后关门退出。”

第二位应试者说：“说句‘对不起，小姐’，然后关门退出。”

第三位应试者说：“说‘对不起，先生’，然后关门退出。”

结果，第三位应试者被录取了。

一句“先生”，表达出了多么微妙的意思啊，真是叫人拍案叫绝。对女人来说，自己的身体被陌生人窥探，是非常严重的一件事。在这种情况下，光说“对不起”是完全不够的。这不仅暴露了你的确看到了人家的身体，而且有可能激怒房客，告你“性骚扰”都有可能。如果在加个“小姐”，后果会更加严重。这说明你不仅不小心看到，还看得很仔细，更加死定了。第三位应试者就极其聪明，叫了一声“先生”。这个出人意料的称谓，首先隐藏了不小心看到的事实，其次给女房客大大的面子，暗示她“我即使看了，也没有看见什么实质性的东西，你不必害羞”，最后又给自己台阶下。

通过这个小故事，我们可以看到面子的重要性。爱面子是人们的天性，很多时候，正是人们的“面子”支配和调节着人们的行为。以一个推销员为例，如果想提高自己的销售业绩，就必须要充分考虑对方的“面子”问题。不仅要美言相送，还要尊重对方的意见。

例如像“这你就错了”“怎么这么简单的问题都听不懂”等话是千万不能说出口的。这不仅贬低了对方的想法，更伤害了对方的面子，挫伤了对方的自尊心。你可能觉得有时真的不能容忍对方的某个行为，但是再不能容忍也要“将心比心”地斟酌自己说的话是不是正确、妥当。对方面子上过不去，即使你说的再有道理，对方也不会再听下去了，说服自然以失败告终。而且这种失败，是最难挽回的一种。

有位年轻的女士，在某个国有商场购买的金首饰仅戴了一个星期便出现一层灰蒙蒙的雾。她非常生气，就跑到商店要求退货，并嚷道：“国有商场也卖劣质首饰，真是坑人，你个大骗子！”

负责销售这款首饰的售货员看到这位女士如此“怒火”，并没有生气，反而始终面带微笑，不与这位女士争吵。等到她的火气渐消时，才和颜悦色地询问详情：“请问你在哪儿工作？”

“我在化学试剂厂工作。”

“那你上班时戴首饰吗？”

“当然戴了！”

售货员马上明白了，她不紧不慢地告诉那位年轻女士：“现在我可以帮你恢复原状，以后上班时最好不要戴首饰，在试剂厂容易受到化学试剂的腐蚀。”然后，她就点燃酒精灯为顾客烘烤首饰，很快让它恢复了原状。

这位年轻的女士临别时不好意思地道歉：“真是不好意思，刚才是我太性急，还没搞清楚情况就……”

售货员说：“没关系，你的心情我们可以理解。”

有科学家曾对几千名推销员进行跟踪研究。他们通过大量的观察发现，优秀的售货员遭到顾客强烈反对的机会只是其他人的十分之一。为什么会出现如此大的反差呢？原因就是在于这些优秀的售货员往往能选择恰当的时机对顾客的异议提供满意的答复，也就是说他们懂得给顾客留面子。

一次，强尼先生因对方送货太迟，就向推销员大发脾气："你这时候才送货来，还想收钱？我的老主顾都因为买不到你们的货着急，现在到其他地方去了。你们使我亏了多少钱，知不知道？"

这位聪明的推销员一看对方发火，就马上向对方道歉，且微笑着说："强尼先生，是我们的错。我们的货送得太慢了，真对不起。别人因买不到我们的货而着急，就说明我们的货在您这里卖得很好。难怪你会不高兴，换成我也会发火，我很了解你现在的心情。"他说完这几句话后，就发现强尼先生不是先前那么生气了。

然后，才问对方："请问我们这次到底送迟了多久呢？损失了多少钱？"等到对方怒气消失，脸色转晴后，他再请对方想一想，以前送货的情况怎么样，有没有耽误过时间。

强尼先生仔细想了一下，发觉对方每次都按时送货，只是这一次有点迟延，因此对于刚才发那么大的火，开始感到有点不好意思。

推销员就向顾客说明了这么两个意思：一是承认自己确实是送的慢了，二是这一次货送得慢，是因为制造商赶不出货，所以批发商才送的慢了。并且表示，以后绝对不会再发生同样的事情了。试想一下，这样的服务态度还有哪个顾客不满意呢？

这位顾客被说得心服口服，如果以后朋友要买这种货物，他肯定会帮朋友推荐这个厂商的，并可能还会找这个推销员帮忙呢。相反，推销员如果对顾客提出的不同意见直接反驳，则会引起顾客不快。

当别人不听解释的时候，我们立马采取否定的策略是不对的。如果真的抱着说服成功的美好愿望，那最好的做法就是：先承认自己的缺点，再慢慢告诉对方自己的方法可以有更多的优点来弥补这个缺点。对方听到这个，可能会变反对为同意了，起码不会有完全反对那样决绝的态度了。

有个家具推销员，向一位顾客推销木制家具。顾客听完介绍后，坚定地说："我对木制家具实在没兴趣，它们很容易变形的。"这位推销员马上跟着也肯定地说："你说的完全正确。与钢铁相比，木制家具的确容易发生变形。"

看到顾客没有离开的意思，他又接着说："我们制作家具的木板是经过特殊处理的，扭曲变形系数只有用精密仪器才能测得出来……"顾客明显没有那么反感了，表示愿意听下去。最终，这位技巧高明的推销员成功地说服顾客买了其木制家具。

这个例子中的推销员并没有直接反驳顾客的观点，而是给顾客留住面子，也消除顾客的疑虑。然后再慢慢地改变他的看法，认同自己的观点。

尤其对于推销员来说，要想取得很好的销售业绩，更要注重平等地对待每一个顾客。不仅不能以貌取人，还要更多地照顾每一个顾客的面子。因为每一个人都可能是你的潜在顾客。

在对人们最讨厌的推销员的调查中，"势利眼"遥遥排在榜首。生活中不乏有很多人看到打扮入时的顾客就笑脸相迎，热情恭维，而看到穿戴普通的人就爱答不理，甚至表现得很不耐烦。走入店中的大部分顾客可能都是不买你的东西的，但正是这大部分人却蕴藏着新的客户群体。失去了他们，也就失去了长久发展的动力。

法则 10

搞懂心理逻辑，你说什么都对

人们不喜欢被“操纵”

有些人最怕得到对方的否定，一旦听到对方否定的声音就觉得之前的努力一定前功尽弃了。但你也要知道，90% 的人听到陌生人说话都会先说“不”，而且 90% 的人都会在说“不”后后悔。所以，有时你只需再坚持一些，或者找一些更好的方法，很快就能听到对方肯定的答案了。

人们爱说“不”，只是一个很自然的反应，并没有什么具体意义。有时他们也不知道为什么要说“不”，说“不”是为了不想被别人牵着鼻子走，有时，他们即使觉得对方说的在理，也会说“不”。

科学家发现，其实人们的行为有时完全不受大脑控制。比如你正在吃一个又大又红的苹果，慢慢咀嚼的时候你感觉到了苹果带给你的美味。但是情况改变时，情况就不同了。比如当你正吃的起劲时，突然发现刚咬过的地方居然有虫子在爬。你会大叫一声，然后把苹果扔掉。之后每一次吃苹果你可能都会想到之前不愉快的经验，甚至可能因此再也不吃苹果了。所谓“一朝被蛇咬，十年怕井绳”，说的就是这个道理。一次失败的经历带给你的负面影响是无穷的，你也因此忘记了几分钟之前十分美妙的滋味。

人的关系也是一样。有好的时候，同时也会有不好的时候，而且重要的是，总能带给你深刻的感受。不过，大部分的时候人和人之间的关系还是处于中间状态的。如果不懂得维护，这关系和状态就会越来越消极，甚至变得很糟糕，难以挽回。所以我们最主要的任务就是怎么样去维护这些关系。不过要学习怎么去维护关系、影响别人，就先要知道对方是怎么去做决定的，当然也包括他们的“不”。

最终的原因，我们可以从上面的例子看出来，那就是：人们总是能记住一些比较极端的体验，尤其是那些对他们有过负面影响的经历；他们一定更关注事情的结局；大部分人对未来没有清晰的认识。

所以，我们说服对方的方法也就露出了一些端倪：既然对方更容易想起对他们不好的事情，那何不用对他来说比较敏感的事情刺激他呢？尤其是在推销当中，如果你是一位推销化妆品的推销员，你可以对你眼前的顾客做这些行为：提醒她上次购买失败的经历，她被推荐坏的化妆品，然后找到空隙介绍自己的产品。如果是追求女孩子，这个方法则被运用的更多。你可以唤醒女孩子那些失败的感情经历，同时你一定要让她感受到你在这方面是绝对没有问题的。适时地安慰人家，爱情火花就慢慢点燃了。

大多数时候，人们对未来很模糊，他根本也不清楚自己到底想要什么，不想要什么。一般来讲，人们就是处于这种模棱两可之间。所以我们还有必要唤醒他美好经历的心理，给他们的未来指明一条新的道路。只要你信任我，你就可以通向这里，得到你想要的东西。

你一定经常听到这样的对话：

——“你说过了，难道你忘记了？”

——“我好像没说啊！”

或者，

——“你怎么能说起这个！我真的听到了！”

——“我没有，我真的没有！”

其中一定有一个人是错的，但是自己却并不知道。而且我们每一个人都可能在某个时刻头脑突然短路一下。这些由于记忆出现问题而产生的现象，不可能得到真正的答案。我们不能完全记住曾经的事情，自己不能，别人也不能。所以，当某些人沉迷酒色或赌博的时候，我们也可以把他们当作他们那些坏的记忆被短暂性删除了，他们当前只有欲望而不是理智在支配自己，大脑邪恶地把坏的事情给删除，也就感觉不到自己做了错误的事情。

这时，如果单纯地给他说某某事情是不对的，自然起不到好的效果。而且，他会像上面的句子一样说些不知所云的答案。你可以跟他们说这个简单的故事让他们明白。

一位著名的科学家通过医学试验研究了这种心理。他把那些需要做结肠镜检查的人分成两组，让他们用相同的方式做检查，并且要求他们必须按照固定的时间间隔汇报自己的难受程度。只是在检查结束时，其中一组把镜子取出之前，让它在身体里静止不动地多待上 1 分钟；而另一组则是检查完就把镜子取出来。

检查结果出来后，他们检查的感受也出来了，科学家发现：两组参与者对于结肠镜检查的回忆非常不一样。镜子在体内待的时间长的那一组，觉得结肠镜检查“没那么难受”，而另外一组则觉得“非常难受”。

这样你就可以说服你沉迷在股市中的朋友了，他们就是把检查镜放在体内多一分钟的人，事实上你比别人多承受了一分钟，但是却因为你习惯了这样的环境而感到“没那么糟糕”了。听到这里，对方一定会有所动容。这时，你只需要重复告诉他们将会再次发生可怕的结果，就像你上次赔了好多钱一样，相信他会突然觉得自己曾经做了多么傻的事情，回头是岸。

在别人听到你的说服的时候，你也必须要专注于自己的所要达到的结果。而且这个结果性理论对于对方也是必须的。想说服他但又不告诉他明确结果的话，他很可能充满失败的恐惧一直走下去，也找不到出路。这时，他最需要你给他一个实际的结果，对方也会跟着这个结果配合自己的行动。

这就相当于你只告诉对方“怎么炒菜”却没告诉他“去炒菜”一样，我们不是为了单纯的说服过程而来的，而是为了一个实际的结果，在对方没有想到的时候，需要你明确地告诉他。

投其所好，抓住对方的兴趣

俗话说：“酒逢知己千杯少，话不投机半句多。”谈话中，没有人会对自己不感兴趣的话题投入过多的热情，而如果遇到自己感兴趣的话题，他们常常会情绪激昂地参与进来。因此，在说服对方时，可以以对方感兴趣的人或事为突破口，进行深入交流。

在生活中，有很多这样的事情：当你试图说服别人时，直截了当地说是很难奏效的，并且还容易引起对方的反感。在这种情况下，我们就需要从侧面寻找突破口，抓住对方感兴趣的话题，从这个话题中，引出自己的要求。

一次，一家公司跟印度军界谈判一桩军火生意，谈了多次都没有成功。这时，这个公司的一个推销员主动请缨，希望能够让自己去完成这个任务。这位推销员事先给印度军界的一位将军通电话，只字不提合同的事，只说想见他一面。开始这位将军不同意，但推销员说：“我准备到加尔各答去，是专程到新德里拜访阁下的，只见一分钟的面，就满足了。”那位将军勉强答应了。

推销员一走进将军的办公室，将军就赶忙声明：“我很忙，请不要占用太多时间。”说话时态度非常冷漠，让人觉得生意几乎无望了。

但是，推销员一开口，说出的话却更让人感到意外。他说：“将军阁下，您好！我来是向您表示衷心的感谢的，感谢您一直以来对敝公司采取的这种强硬的态度。”

将军觉得不无惊讶，一时愣住了，不知道说什么好。

“因为您的强硬态度，使我得到了一个十分幸运的机会——在我过生日的这一天，又回到了自己的出生地。”

“先生，您出生在印度吗？”将军脸上的冷漠消失了，并且露出了一丝微笑。

“是的，”推销员也笑了笑，说道，“39 年前的今天，我出生在贵国的城市加尔各答。当时，我父亲是法国密歇尔公司驻印度的代表。印度人民是好客的，在这里时，我们一家得到了他们很好的照顾。”

接着，推销员又谈了他美好的童年生活：“在我过三岁生日的时候，邻居的一位印度老大妈送给我一件可爱的小玩具，我和印度小朋友一起坐在象背上，度过了我一生中最幸福的一天……”

将军越听越入迷，竟被深深感动了。他当即提出邀请，诚心诚意地说：“您能在印度过生日真是太好了，今天我想请您共进午餐，表示对您生日的祝贺。”

在汽车驶往饭店的途中，推销员打开公文包，取出颜色已经泛黄的合影照片，双手捧着，恭恭敬敬地递给将军。

“将军阁下，您知道这个人是谁吗？”

“这不是圣雄甘地吗？”将军很奇怪，不知道他怎么会有甘地的照片。

“是呀，您再仔细瞧瞧左边那个小孩儿，那就是我。四岁时，我和父母在回国途中，十分荣幸地和圣雄甘地同乘一条船。这张照片就是那次在船上拍的。我父亲一直把它当作最宝贵的礼物珍藏着。这次，我要拜谒圣雄甘地的陵墓，以表示对这位印度伟人的思慕之情。”

“我非常感谢您对圣雄甘地和印度人民的友好感情。”将军说完，紧紧握住了推销员的手。

当推销员告别将军回到住处时，这宗大买卖已拍板成交了。

这位推销员成功的秘诀，就是在不能正面说服的情况下，采用“智取”的策略，激起对方的兴趣，间接打动对方。

所以，与人交谈时要“投其所好”“避人所忌”。把话说到他人的心坎上，不但能打开交际的大门，让美好动听的语言洒落到对方的心田，而且，还可以把自己的要求转化为对方兴趣的一部分，为说服创造有利的氛围与条件。

在对方的内心世界里讲话

当我们与一个人交流的时候，必须要走进他的世界，从他的内心深处去体会他的感受，去了解他的生活方式，这样才能与对方进入更深层次的交流。只有抓住了对方的心理，才能与对方慢慢地建立共情关系。只有这样，我们才能准确地抓住对方的心理诉求，进而说服对方。

那么什么是共情呢？美国著名心理学家罗杰斯认为，它就是一种能深入他人主观世界，了解他人感受的一种能力。也有学者认为共情就是“能够了解他的世界，必须能够做到好像可以从他的眼看他的世界及他自己一样，而不能把他看成物品一样从外面去审核、观察，必须能与他同在他的世界里，并进入他的世界，让我们了解他的生活方式以及他的目标和理想。”

也就是说，只有先走近对方的内心世界，委婉地把话说到对方的心窝里，你的一些观点、要求才更容易被对方接受。

比如，你新到一家公司上班，对身边的同事不够了解，但是通过几天的相处，或是在一起吃几次饭、喝几顿茶、几次聊天，便能从两个人的身上找到许多相似点。当双方了解了彼此的特点与喜好，并找到了一些共同点，那交往起来就不会显得生疏。这个时候，你再求他办点事，或帮个忙，就比你刚认识对方时，求他办事要容易得多。

人们经常这样评价一位优秀的推销员：我感觉在和他聊天的过程中就好像是在和自己聊天一样。因为优秀的推销员在和顾客交流的时候尽量让声调、音量、节奏，甚至是身体姿态、呼吸频率都与顾客保持一致。这对于加强彼此的沟通，增进彼此的感情，在说服过程中，这无疑也是一个很好的方法。

清末，日俄战争的结束，对清政府震动很大。清政府认为日本以立宪而胜，俄国以专制而败，加上国内局势动乱，大清政权已经飘摇欲坠。为了加强皇权，巩固政府统治，决定实行新政，决定立宪。

而此时清政府真正的统治者慈禧太后却坚决不同意，在朝廷上下一筹莫展的时候，载泽站了出来。他深知，慈禧根本不关心立宪与否，也不关心是否会成功，她的内心只在乎皇权是否还在自己的手中。于是载泽对慈禧太后说："立宪之前先得预备立宪，但是预备立宪需要花费 20 年的时间。"慈禧太后一听，心想：光立宪就要 20 年，而那时我早已不在人世了，到时能否立宪，与我没有一点关系。于是慈禧太后就欣然同意了立宪。

结果，用了不到 3 年时间就完成了预备立宪，并非像载泽说的那样需要 20 年。3 年之后，清政府颁布了《钦定宪法大纲》，立宪获得成功。

从这个简短的历史事件可以看出，巧妙地说服他人古已有之。如果载泽在说服慈禧接受立宪的时候没有准确地抓住她的心理诉求—即皇权，就不会顺利地说服慈禧太后。载泽正是看到了这一点，于是载泽便向慈禧太后承诺在她有生之年，不管怎样立宪，皇权都不会落入他人之手。而慈禧的心理诉求得到了满足，便很痛快地答应了载泽的要求。

在说服别人的过程中，除了要学会换位思考，站在对方的角度考虑问题，还要了解对方的思维方式、语言逻辑，这样才能有的放矢，提升说服的效果。

学会在对方的逻辑上说话

世界上没有完全相同的两片树叶，更没有完全相同的两个人，每一个人都有其特点，更有其不同的需求。一段精妙的话，对一个人适用，却未必适用于另外一个人。一大堆外形相似的钥匙，往往只有一把可以打开对应的锁。

在某件事情上，不同的人有不同的立场，有不同的想法，有不同的处理逻辑。如果大家能想到一块儿，立场相同，观点相近，那说服对方并不困难。如果大家的立场相左，处理问题的思维逻辑也大相径庭，那你一味强调自己的逻辑，很难打破这个僵局。

说服对方，自己除了要有清晰的思维逻辑、语言逻辑，还要了解对方在某件事情上的立场、观点，以及处理问题的逻辑是什么。许多时候，只有顺着对方的逻辑说话，进行巧妙地引导，才更容易说服对方。

比如，在生活中我们都曾遇到保险推销员。许多时候，我们不买保险的逻辑是：既然保险那么好，为什么还要到处推销，而且推销的成功率又那么低？说明它并没有推销员描述的那么好，而且其中可能有猫腻，既然有猫腻，那我为什么要买？把钱存在银行不更保险吗？

有些推销员不理解客户的这个逻辑，一味地强调保险的好处，而且，他越是强调这些好处，越会引发对方的抵触情绪。高明的销售人员能吃透对方的这种心理，会从对方的逻辑入手，撬开对方的心门。

晓晔是一位海外留学归来的律师，她的父亲是亿万富翁，所以从来没有考虑买一份人寿保险。

有一天，保险公司的业务员彬彬找到了她，希望她投一份保险。晓晔对她说："你的观点我明白……依你的看法，什么人才需要人寿保险呢？是不是那些每天都得工作的人，才需要人寿保险。"

听了她的话，彬彬说："你不是有一份工作吗？"

晓晔："那完全不同！我工作的原因，不是因为我需要收入！"

"那你为什么要做现在的工作呢？"

"因为我觉得用自己的钱，心里比较舒服。"

"你给我的感觉是：你是一位很有个性的人，不想依赖他人，想自力更生，有自尊并且活得很有尊严的职业女性，我说得对不对？"

晓晔表示同意。

接着彬彬说："你父亲虽然是大富翁，但和我们今天所谈的主题没有关系。我们想说的是，我们每个人如何依照自己的个性和意愿，过着很有自尊，很有尊严的生活。你那么富有，假如我每个月给你五百元美金，会使得你更加富有吗？假如我每个月从你身上拿走五百元美金，会令你贫穷吗？对你有丝毫的影响吗？没有！那么好了，请你立刻把五百元美金交给我，让我立刻为你创造你想得到的永久性的个人自尊和尊严，好吗？"

"……"

晓晔被说服了，心甘情愿地给自己买了一份保险。

为什么彬彬寥寥几句话，就让晓晔就让改变了主意，转而投保呢？

很简单，是因为逻辑的力量！

晓晔老爸是大富翁，但她很有自尊，彬彬正是紧紧抓住了这一点，用简短的话说服了她，让对方知道，买保险不是买别的，买的是人的尊严。如果她换一套逻辑：强调现在投保，将来会几年拿回本钱，还能获利多少，如何的划算……或许根本激不起对方的兴趣。

如果改变不了对方的逻辑，那就顺着对方的逻辑，说自己的理，让他的逻辑来变向支撑你的观点，从而在别人的逻辑里来证明自己。

如何制作“需要”

没有需求，就没有说服。如果你出售、获得和制造的东西，别人都没有需要，或者你的意见与建议对他人无用，那就无从说服别购买你的东西，或是听你的意见或那建议。

也可以说，制造需要是说服他人的第一准则。怎么制造？要着眼于马斯洛需求层次理论，考虑不同领域的需求——无论是生理、安全和保障、爱和归属感、自尊还是自我实现的需要，从这些需求中，你肯定可以帮对方找到他缺少的东西，然后告诉他，这些东西只有你才能完善。

很多时候，我们被广告耍得团团转，被上级骂的团团转，被下级哄的团团转，被同事骗的团团转。还以为他们说的“很有道理”，其实这个“道理”的“内核逻辑”与卖减肥药无异——牢牢地抓住了你的需求。

那如何通过需求逻辑来进行说服呢？关键要做好五步。

第一步，激发兴趣。

在开始时，要想办法引起对方足够的注意和重视。把人们“唤醒”，激发他们的兴趣，让他们从思想上快速的“参与”进来。在这里，可以借助幽默、惊人的事例、糟糕的数据或吸引人的故事等任何能够吸引听众注意力的方法将人快速拉入主题。

第二步，创造需求。

要想把对方“煽动”起来，先得让他们意识到：需求得改一下了。但是，不要马上和将要提出来的“解决方案”建立联系。这就如同，如果有人打算推销一款产品，不要一开始就给大家看产品，而应该先告诉他们这个产品会帮他们填补什么样的缺陷、满足什么样的需求。总之，让他们相信现状，是需要改变的。

第三步，满足需要。

在向人们展示确切的需要之后，就要开始满足这个需要。这时，可以介绍自己的解决方案，如解释它的工作原理，解决人家的疑问。如果你向某位老板说，他的公司因为某些环节没有实现自动化而每年要多付出 500 万的成本，而实现自动化的付出其实只需要 200 万。他会不会想让马上为他提供自动化的解决方案呢？一定会考虑的。

第四步，展望未来。

这一步，是说服真正发挥作用的地方。前面的三步是在逻辑上说服对方，而这一步则是在心理上打动对方。让其看到积极的和消极的情况，告诉他们如果没有解决方案会怎样，然后对比有了解决方案后又会怎么样。这样做的目的是把“需求的欲望”烙进人们的脑海里。在描述展望的时候必须现实而且具体，越是现实、越是具体获得的效果越好。你的目的只是让人们同意你的观念，并促使他们采取和你推荐方法一致的行为，为此，可以使用三一些方法来分享展望。

第五步，呼吁行动。

这是整个说服过程中收尾的一步。大家听完你的整个描述之后想做些什么？该做些什么呢？可以直接告诉他们，更好的方式是想办法让他们自己说出来。最好是具体、简单而且是一件在 48 个小时内就能开始做的事，否则会被人们渐渐遗忘。

在具体的说服过程中，操作方法不可一概而论，要根据当时的情景，来巧妙地搭建自己的话术框架。框架搭好后，再运用一定的语言逻辑，就可以让自己成为鬼谷子一样的“操纵”高手。

道不同，不相为谋

俗话说：道不同，不相与谋。和与自己观点、思维逻辑不一样的人交流是非常困难的。在说服当中，如果双方鲜有共同点，那彼此之间的距离感很难消除，而且在交流过程中，也容易形成心理隔阂，并且会产生一些障碍。

据清末野史记载，有一位湖南士人屡试不第，无奈之下，只好千里迢迢来到北京，拜会晚清名臣曾国藩，希望凭借同乡之谊，以及自己的才学，在曾国藩的幕府谋一份差事。曾国藩向来有礼贤下士的好名声，这次也不例外，对这位同乡热情接待，双方聊得非常投机。酒酣耳热之间，这位士子忍不住大发议论，抨击起曾国藩对古诗文的态度，曾国藩虽然不说什么，但是心里却很不愉快。

酒过三巡之后，乘着酒兴，这位士子又提及自己来北京的用意，希望得到曾国藩的提携。曾国藩本来以清廉刚正自诩，这几句话恰好犯了他的忌讳。这位湖南同乡尽管并非一无是处，曾国藩最终还是没能帮上他的忙，送了一笔银子打发他回家了事。

在这个故事中，这位湖南同乡对双方存在的差异点缺少了解，不仅没有能巧妙利用，反而使差异点成了说服的障碍，导致了说服的全盘失败。

人和人之间总有各种各样的差异，差异无处不在，形成各种复杂纠结的矛盾。在说服当中，我们应该巧妙利用，妥善化解双方充满差异的环节，消除不利于说话的内容，甚至使不利的因素向有利的方向转化。具体而言，在说服过程中，差异点主要可以分为以为几种：

1. 背景、身份的不同

不同的背景、身份会造成两个人在对话时的心理接受上的微妙差异，同样的话，来自上级还是下级，来自官员还是平民，来自学者还是来自普通人，所产生的表达效果会很不相同。因此，在说服当中，根据我们的身份和自我定位，对与自己有身份背景差异的对象进行说服时，我们要注意选择适合这种身份和关系的语气和措辞，尽量使对方容易理解，容易接受。

2. 双方目的的差异

在说服当中，双方的目的可能南辕北辙，利益也不尽相同，似乎永远走不到一起。在这种情况下，最好的解决方式，是在不同当中寻找共同点，最终使目的迥然不同的双方进入相同的轨道。

3. 立场、角度的不同

因为不同的立场，不同的视角，会使沟通发生困难，双方各自坚持自己的理由，谁也无法说服对方。在对峙的情形当中，往往是柔和的方式能够改变局面，而强迫对方认同自己的争持不下的坚硬的方式，只会让对方越来越坚持自己的立场。因此，我们可以运用怀柔的办法，试着站在对方的立场上，试着理解对方，以对方的思路来考虑问题。俗话说“山不过来，我就过去。”为了说服的目标，既然对方不肯过来，那么我们不妨走过去。这种妥协和退步的怀柔策略，往往能改变双方的对峙状态，取得立场和视角的一致。

即使对同一件事情，每个人所持的观点立场，以及思维逻辑都不尽相同，不了解对方的这些立场、逻辑，贸然“推销”自己的观点、逻辑，很容易产生正确碰撞。如果在刚开始交流时，就将双方的许多差异点袒露出来，对说服工作十分不利。所以，高明的说服者首先会隐藏自己，在了解对方的同时，再根据情况出牌，这样，就无形中消除了双方的差异点带来的交流障碍，为说服工作扫清了道路。

学会在对方角度说话

如今，“如何更好地说服别人”，几乎成了我们每天都要面对的问题。我们想办法让朋友理解自己，想办法让老板接受我们的建议，想办法让客户相信我们的能力和诚意，这是一个烦琐但是充满挑战性的工作。在沟通过程中，多数人最直接的做法就是竭力展示出能够支撑自身理论的各种依据，其潜台词就是“你必须尊重我的想法”，或者“我的想法才是最正确的”。

但实际上，说服别人并不仅仅在于强化自己的观点，对他人造成压迫的声势。妄图用自己掌握的那一套“真理”去压制别人的“真理”，往往不那么现实。尤其是当双方都认为自己才是正确的那一方时，这种毫无意义的争论将会一直持续下去。

有时候，换一个角度，选择站在对方的角度和立场想问题，看看对方的观点和想法是什么，了解对方的动机和理由，并适当顺应对方的想法去做事，反而更容易减少双方的分歧和冲突。无论如何，站在他人的角度来思考，都会让我们处于一个相对安全的位置，通过某种迎合性的行为，赢得对方的尊重和信任。

例如，人际关系学家戴尔·卡耐基由于工作繁忙，要招聘一个秘书。他在报纸上刊登了招聘信息，短短几天之内，各种求职信像雪花一样飞过来。

在阅读信件的时候，卡耐基发现了一个现象，几乎所有的信件都在讲同一件事：“我很出色，我拥有丰富的工作经验，我能够处理各种各样的问题。”这些内容让他感到厌烦，他只能不断地加快阅读的速度，直到有一封信引起了他的兴趣。信中的内容是这样的：

“尊敬的卡耐基先生，我知道您现在一定很忙，非常需要一个助手来帮您整理信件。我有过几年助理的工作经验，因此非常乐意为您效劳。”

卡耐基当即决定，聘用写下这封信的那个女人。

为什么在许多应聘者中，这个女人会脱颖而出呢？原因就在于她没有从自己的角度来看待这件事，并没有从自身的能力来谈论工作是否适合自己。其他人渴望获得这份工作的理由是“我有这样的需求和能力”，而这个女人的理由却是“老板有这样的需求，而我有能力满足这种需求”，这才是她成功突围的关键。

这不只是对工作的一种理解，也是对老板的一种理解，这种发自内心地理解对方，即使在今天的职场，也是非常难能可贵的。

微创（中国）董事长唐骏当年在微软公司工作的时候，虽然在学历、能力、背景方面并没有优势，但是他深受上级领导的信任和喜爱，而且他的一些建议经常会被采纳。

多年以后，唐骏离开微软，他在自传中提到让领导“服气”的方法，就是尽量站在领导的立场说话和做事。比如，在工作中，上级领导经常要求职员制订一份详细的工作计划，很多人会在第二天交上这份计划，而唐骏不仅会呈交一份计划书，还会提出各种反对意见和可行性方案。他知道领导一定会从这些方面来考量这些计划书，所以他干脆自己制作了这些可行性方案，为领导排忧解难。

在平时的谈话中，唐骏几乎很少胡乱发言，他总是会事先试探领导的想法和意见，想办法去进行设想：“如果是领导，他们会怎么去想，会怎样去解决这些问题。”

正因为他总是站在领导的立场上说话，所以他的一些观点总能够赢得领导的认可。

多年以来，很多人都抨击微软公司内部沟通存在很大问题，管理缺乏人性，管理者有些独裁，根本听不进别人的意见。这些问题在唐骏身上并没有出现过，很显然这是一个沟通方式的问题。

很多时候，我们应该勇于表达自己的想法和观点，但这并不意味我们总是需要利用自己的观点来说服别人。一旦双方存在分歧或者冲突，必须做出调整，必须站在对方的立场上想问题，多听听对方说了些什么，然后表态："我觉得你的想法很有趣。"即便你认为对方的观点是错的，有失偏颇，也不要急匆匆地去反驳，而要说"虽然我不大明白，但我会试着从你的角度去想一想的"，这种说话方式，非但得体，且不易引起对方的反感。

总而言之，每一个表达者都应该向对方表示这样一种态度：我理解并尊重任何人的想法。在很多时候，设身处地地为他人着想，这是消除隔阂、拉近彼此关系，并且最终说服对方的一个前提。

法则 11

朋友圈也有两面人，要懂得识别

圈内识人，别看第一印象

俗话说：“路遥知马力，日久见人心”。人们在一个圈里相处久了，打交道的次数多了，自然就会了解对方的人品、德行等，从而决定自己是否应该继续和对方交往。

但是，我们在与刚入圈的人交往时，第一印象往往靠不住。因为虚荣心所致，人们对于自己某些方面的缺陷往往会主观地掩饰起来。比如，一位新员工刚到新单位，通常都会有积极表现，脏活累活抢着干。可是，日子一久，即便垃圾堆在他脚下可能都懒得打扫。此时，他的本来面目才露出来。再如，谈恋爱时都是“情人眼中出西施”，越看越可爱。可是，结婚后才发现，女人不是懒得出奇就是脾气太大，动不动就摔东西；男人也是臭袜子到处塞，把家弄得像猪窝一样。这就是因为在谈恋爱时，双方都只展现了最好的一面。等结婚多年以后，双方不必带着假面具生活，才露出了庐山真面目。还有那些山盟海誓、两肋插刀的酒肉朋友，当初何等义气，可是在长期的交往中，你会发现，落井下石的也许就是这些人中的一个。这是因为人心难知，广泛存在的信息不对称使我们时时刻刻需要面对处世的风险。因此，不论是生活还是在其他方面，只有在重复博弈中才能看清一个人的真实面目。只有在重复博弈中我们才能看清哪些人是真正的朋友，哪些人是别有用心的人。

王莽在夺权前，何等谦恭退让。如果不是重复博弈，谁能看清他的真实面目。

当时，王莽对于当朝的大司马（也就是人们熟知的丞相一职）的长女王凤，极为恭顺。因此，王凤在临死前，曾嘱咐家人要照顾王莽，于是，王莽走进仕途，从黄门侍郎很快被提升为射声校尉。虽然，官职升了，但是王莽依旧装出礼贤下士、清廉俭朴的样子，不但把自己的俸禄分给门客和穷人，甚至不惜卖掉马车接济穷人。当然，人们也被他的好心善心蒙蔽了，对他一片称赞之声。在众人的赞誉声中，王莽又先后被提升，平步青云。终于，王莽在 38 岁出任了大司马。

人们对王莽的最好的印象是王莽的大义灭亲。当时，他的儿子曾经杀死了家中奴仆，王莽硬逼儿子为家仆偿命，这样的举动当然赢得了世人的好评，得到了朝野的拥戴。

之后王莽回京居住，又过了一年，汉哀帝无子而薨，王政君掌管了传国玉玺，王莽继续任大司马，兼管军事令及禁军。然后立汉平帝，而王莽虽然再三推辞，但最后还是接受了“安汗公”的爵位，而将俸禄转封给了两万多人。后来他被加封为宰衡，位置甚至在诸位王侯之上，而他宣扬礼乐教化，深受儒生们的拥戴。

但是，就是在人们的一片爱戴声中，王莽看到时机成熟，竟然毒死汉平帝，立年仅两岁的孺子婴为皇太子，王莽成为“假皇帝”或“摄皇帝”。最后，迫不及待地王莽终于使用手段逼孺子婴禅让，登基为帝，改国号为“新”。

王莽用自己的俭朴与爱民之举赢得了政治选举中的民意支持，甚至朝野上下也对王莽抱有尊敬的态度。就是这样一个万民拥戴的人去逼死汉平帝，威吓小皇帝，篡夺国家大权。如果不是重复博弈，人们怎能看清王莽最后的野心?

由此看来，无论是识人还是用人，都不能根据一时一事的现象下结论，而要从长远的时间和历史上来衡量。

因此，随着时间的推移，观察的全面，我们会获得对方更多的信息，从而改善我们对对方信息不对称的局面，得出比较贴近真实的结论。

因为凡是那些过于精明的人总想在一次博弈就把利益全部占尽，他们往往急功近利，不懂得重复博弈带来的长久利益要比一次性博弈更加长久。特别是在争权夺利中，他们一旦看到自己由于身体健康或者其他方面的原因，不适合打持久战时就会狗急跳墙，往往等不到漫长的无限次博弈就会逐渐暴露出自己的真实面目。

由此看来，重复博弈可以减少双方信息的不对称性，从而可以更加明智地作出双向选择。一旦感到对方有背叛的苗头或者对方不适合和自己合作，就可以果断行动，不至于因为被蒙蔽而拖延时间，延误终身。如果这次他拒绝合作，那么下一次，你也可以拒绝合作。

而那些选择重复博弈的人往往是自己的合作伙伴。交易双方因为害怕失去信誉，会很小心的遵守每一项承诺。因此，重复博弈从某种程度上说也有利于个人或者组织信用制度的建立。因为个人一次违反信用，可能会损害其终身受益。

假设某家企业这次欠了某银行贷款不还而其他银行还不知道，下次欠了另一家银行贷款其他银行会通过调查其信用制度断然拒绝为其贷款。因为，随着博弈次数的不断增加，掌握对方的信息会越来越多。而且在一个共荣共生的生态链中，每一个合作伙伴的信息都是透明的、共享的。重复博弈使得更多的私人信息变为博弈双方或者多方的公共信息，那么第一家银行对这个企业的评价也会影响第二家银行对该企业的看法，从而决定该企业是否值得信任，看清了对方是否适合合作。从而也可以大大降低双方交易的不确定性和交易风险。

特别是在和陌生人打交道时，一定要多了解对方，不断修正对他的最初认识。尤其是对一些别有用心的人，一定要识破他们的真面目，这样你可以果断决定是与他断交，还是握手。

信息优势的重要性

在现实生活中，虽然大家都是一个圈子里的，但在多数情况下，双方的信息是不对称的，经常是一方知道的信息多，而另一方掌握的信息少。所以，想要得体地与人交往，为了改变信息不对称的被动局面，一定要在平时多关注并搜集整理对方的信息。否则，你看不清对方，难免会处于被动。

我们知道，马克·吐温是世界上著名的机智幽默风趣的作家，他不仅以小说征服世人，而且演讲也很有趣。他见多识广，应变力很强，可以说，没有人能够难得住他。可是，在一次演讲中，他却被一位听众难住了：

一次，他要在一个小镇上演讲。一个当地人跟他打赌说："尊敬的大作家，你大名鼎鼎，无人能战胜你的机智幽默。可是，我想告诉你，尽管你的语言风趣幽默，但是你这次恐怕不能如愿了。不信，我愿意和你打一个赌。如果你能把台下第一排的一个普通的小老头儿逗乐，你就赢了。我将输给你一笔钱。"

这对于曾经逗乐过成百上千的观众的马克·吐温来说，逗乐一个小老头儿不是太容易了吗？因此，他对自己的才能充满了足够的信心，一口就答应了。

演讲那天，马克·吐温果然看到一个秃顶的老头儿坐在第一排正中。于是他便使出全身解数，讲了一个接一个的精彩段子。然而就在听众震耳欲聋的笑声中，那个老头儿从头到尾一直忧郁地坐在那儿，没有露出一点儿笑容。马克·吐温输了个底儿朝天，他怎么也想不明白自己无懈可击的演讲到底输在什么地方。

最后，他终于忍不住问当地一个小伙子。小伙子答道："你说的那个老家伙啊，我认识，四年前他的耳朵就完全聋了。"

马克·吐温听后大吃一惊，他没想到自己这回居然在小河沟儿翻船了。

这个故事告诉我们，信息在博弈的过程中，有时能发挥关键作用。马克·吐温在和当地人的博弈中，之所以失败就是因为他对那个特殊听众的信息一点也不了解。因此，生活中，不论你是打赌还是参与其他游戏，要想博弈取胜，就要尽力多搜集对方的信息。

在博弈的过程中，如果当各种方法都尝试过，可是问题仍然像一团乱麻一样不可解决时，最好的办法就是再问问自己，原来收集的信息够全面吗？有没有被漏掉的信息？虽然我们并不知道对方这次会使用什么博弈方式，但是你掌握的信息越多，作出正确决策的可能性就越大。如果你能收集到比别人更多的信息，也就有了更大的胜算。

收集信息不仅是解决问题的一个步骤，而且有时起到极为关键的作用。如果你能预测对方真正想要的是什么，并且探明他们的最后期限，这无疑对你获得博弈的胜利更有利。

那么，怎样才能通过正确的方式尽量多的搜取到对方的信息呢？

信息的搜集形式不一，场合多种多样。人类的知识、经验等，都是获取信息的资源库。你既可以从图书馆查阅资料，从公开发表的刊物、媒体上搜集，也可以从一些非正式渠道搜集。比如私人宴会或其他聚会上都可以搜集到一些信息，而且这种场合对方不会对你有太大的防范心理，容易把自己的长处和短处都表现出来。具体的做法如下：

1. 多听——通过他人的谈话获取更多的信息

当你无法了解对方的信息时，通过熟悉对方的第三者的谈话中也能听出许多有利于你的信息，便于你及时采取行动。

长虹中南片区总经理何某就是一位反应灵敏、善于搜集信息的人。何某当兵转业后，进了长虹。2000 年 8 月，他争取到北京分公司做业务，负责与大中电器的业务往来。2001 年春节前，各家电品牌在北京拼命抢占年底市场，大中更是他们争取的对象。但是业务员们都在抱怨大中配送不畅。在别人的抱怨声中，机敏的何某却捕捉到了信息：既然配送不畅，就要抢先把货放在那里。于是他悄悄溜到大中库房，估算出了空余的库房面积，随后马上找到大中业务部，第一时间拿到了订单。

在春节旺销期，等其他厂家纷纷让大中订货时，长虹的产品早已占满库房。此时，其他产品已无缝插针了，因此何某打了个漂亮仗。

2. 多看——含义丰富的肢体语言也是信息

我们都有这样的印象，某个人说过的话可能早就忘记了，但是他的一个动作却印象深刻。在博弈的过程中，即便是喜怒不形于色的对手，也会通过肢体的动作表达自己的感受。这种动作我们称之为“肢体语言”。对方的肢体语言也是一种信息。

比如，对方正视你，眼睛炯炯有神，说明对你的问题感兴趣；如果对方东张西望，或者不时做一些其他的小动作，则表明他对你的问题毫无兴趣，心不在焉。再如，人们在说谎时很可能不自觉地把手藏起来。当人们说谎后担心谎言被拆穿，都会表现得很紧张、焦躁不安，就会将手背到身后以掩饰心神不定的心理状态，有时也会双手互相紧握着；当人们在说别人坏话的时候，往往习惯用手捂住嘴巴说话。另外，脖子也是人体传达信息的重要器官。用手摸脖子，或用手去扯衣领的行为也是说谎的表现。尽管这些动作都是无意中做出的，但是也可以表明他们此刻的心理状态。

3. 从对方的竞争者那里获得信息

获得对方信息的另一个来源是对方的竞争者。假设你是买方，如果能从第三方那里知道了卖方的成本，那无疑取得了谈判的一个最大筹码，在谈判中必然会增大对方的压力，增加弹性。

4. 搜集相关知识，做出正确判断

在博弈中，人们掌握的信息经常是不完全的，因为信息会随着环境、时间、地点的不同而改变，即信息是动态的。由于这种动态信息的影响，我们掌握的有

利信息很有可能变成不利信息，这就更需要我们在博弈进行过程（即动态博弈）中不断地搜集信息、积累知识、修正判断。

比如，在股票市场，某些股票是否会是潜力股，大多股民并不清楚，他们只是根据股市波动情况来决定是否购买。而那些资深的证券分析师们却可以根据各行业的发展情况，提前预测出某些股票的波动情况，因此，胜算者往往是他们。

世界著名的零售业巨头沃尔玛需采购的产品成千上万，但它的采购价格总是比同行的要低，原因就在于沃尔玛对供应商的原材料价格进行过严格合理的计算，并对产品的成本和利润一清二楚。每当供应商抱怨：再降价我们就没有一点利润时，这些采购员往往会替他们算一笔账。比如：一双袜子需要多少纱线，纱线需要多少成本等来推算袜子的成本和供应商的利润。因此，尽管这些供应商面对如此低的价格，但仍然无法抗拒沃尔玛抛出的巨大订单的诱惑。

由此可见，博弈需要多方面的知识，因此，搜集信息不仅只关注本行业的信息，也需要关注其他与之有联系的行业信息。充足的信息意味着你的思路会被拓展得更宽。

由于信息并不是一成不变的，它是一个动态的过程，因此在搜集的过程中，人们需要认真观察，努力思考。搜集到信息后，还需要对已经掌握的各种信息进行排列、重组、比较、联想、质疑等。这样，信息的运用才可以帮助你做出成功的决策，做出正确的判断。

收集信息的过程，同时也是拓展思路、激发创造力的过程。多掌握对方的信息也利于你掌握主动权。占有信息优势的一方，无论在心理上还是胜利概率上，总是更胜一筹，而对方往往因此而陷入不自信当中，结果就不言而喻了。

试探对方，摸清底细

某县城的百货商店有一批库存已久的衬衫。这天，正好是县城的集市，人流如潮。于是，经理命令把衬衫拿出来摆在门前。他想，今天也许会有一个比较好的销量。这么多赶集的人，即便 100 个人有一个人购买销量也很可观啊！

可是，直到上午十点，始终无人问津。时间一分一秒地过去，经理的心像在经受时间的煎熬，他担心这季的销售计划又无法完成。

怎样才能打动消费者，调动起他们的购买欲望呢？

忽然，他计上心来，立即拟写了一张广告，贴在醒目的地方：我店衬衫，外贸品质。品种有限，特在集市期间限量供应，每人限购一件！

几分钟过后，一个老板模样的人走进来说："我经常有商务谈判，看看穿上这些外贸衬衫是否能提高档次？"这位客户试穿后很满意，于是提出要买三件。售货员微笑着说："很抱歉，需要经理签字，我实在无能为力。"客户正转身要走，经理说："卖给你 3 件。"并写了一张条子递给喜出望外的顾客。

这个客户一出门，又一个男人闯进来，他看到货柜上的确数量有限，看后马上拍板："我要两件！"就在售货员为难时，经理说道："我破例给您两件吧。"

不久，百货商店门外竟然排起了长队。经理的电话铃响了，经理有点应接不暇了。就这样，在一个小时内，居然卖了成批的衬衫。

这些顾客为什么心甘情愿地"上当"呢？就是因为他们对商家的底牌不清楚。因为经理是"恋爱约会"般的博弈高手，为了让消费者获得良好的第一印象，会通过伪装，尽量展示出自己最好的一面。

那么，在这种情况下，博弈的另一方如何识别对方的博弈手段呢？通过试探，摸清对方手中的牌。

要试探对方首先需要接近对方，接近才能看清对方的真面目。因此，你千万不可以被对方虚张声势的烟雾弹所蒙蔽，要有“不入虎穴焉得虎子”的勇气和胆量。

柳宗元的《黔之驴》是中国妇孺皆知的著名寓言。讲的是一头驴，被好事者用船运到黔（地名），起初老虎不明白这个庞然大物是什么，很畏惧。后来，当老虎逐渐接近，而且踢了驴一脚后发现，它其实只会仰天大叫，没有什么反击能力。于是，摸清底细的老虎逐步接近驴，最终吃掉了它。

在生活中，试探对方的方法有这么几种：

1. 火力侦察法

主动抛出一些火药味浓的话语，刺激对方表态，以便看清对方的底细。这种方法也叫激将法。

比如，在商战中，即便有一家厂商的产品是你特别看中的，也不要马上成交。不妨向对方透露竞争者的优势，最好用打印好的具有说服力的明细表，了解对方的最低价格。

2. 迂回询问法

通过迂回，使对方松懈，然后出其不意，曲径通幽，探知对方的真实目的。

3. 过失印证法

可以主动犯一些错误，引诱对方上当。这样也可以看清对方的真实面目。

例如，一个公司在招聘员工时为了辨清每个员工的性格，开了这样一个小玩笑：

在晚上，公司放露天电影，突然间灯熄灭了。这时，办公室主任往一位光头的新员工的头上拍去，大声说：“老王，厂长找你。”

“主任，我不是老王啊！”那位新员工回答。

“啊！你不是老王？对不起我认错人了。老王也是这样的光头。”这个光头越想越不爽，就换了一个位子，以免无辜被打。

没多久，办公室主任又来到一个头戴帽子的员工后面，在他头上猛击一下，大声说："老王，厂长找你，还不快去？"

那位员工很恼火，大声喊道："干什么？谁瞎眼了！"当他看清是主任后，换了种口气说："主任，我真的不是啊！你认错了。"

"真对不起！黑灯瞎火的，所以……"办公室主任道歉后又继续往前走，他听见了这个人不满意的嘟囔声。

这次他走到前面，看准一个酷似老王身材的人后又是猛击一掌："老王啊！你让我找得好苦啊！原来你坐这啊！我还把坐在那边那个光头认成你了，快去，厂长有请！"这次，这位员工不由分说地给了办公室主任一巴掌。

此时，灯亮了。办公室主任让那三位挨打的员工站到前面，让其他员工对他们的言行进行评价。结果，厂长把支持光头的人，分类为：性格不暴躁、宁肯息事宁人的人。于是，主任安排他们做安抚客户情绪，特别是接待投诉客户的服务工作；支持那个戴帽子的员工，则被用于和经销商周旋的工作，因为他们善于随机应变；支持第三位员工的人则被用于开拓新市场，因为开拓新市场就需要敢冲敢打。

这位经理通过试探，摸清了各类员工的性格。

特别是在人际交往中，没有人会过早地暴露自己的真实性格。在这种情况下，就会造成双方信息的不完全性。因此，试探，就是了解对方、接近对方的一种可行的方式。试探就是为了知己知彼。这样做，不是为了算计对方，而是为了看清底细，更好地合作，从而双方都能收获更多的利益。

你需要一双发现贵人的双眼

明朝万历年间，京城有一个叫石仁佑的人，经营着一家高档玉器店。石仁佑平时喜好结交朋友，对朋友有求必应，看到朋友有难时都会主动伸出援助之手。上至达官显贵，下至三教九流，石仁佑结交了不少朋友。

在石仁佑众多的朋友中，有一个唱花旦的戏子，名叫杨宗英。

在封建社会，戏子的社会地位一般都很低下。石仁佑的夫人见他与戏子来往密切，怕影响了石仁佑的名声，就劝他少与这类人来往。石仁佑向夫人解释说："杨宗英虽为戏子，但却为人仗义豪爽。我与他交往没有什么不好的。"

天有不测风云，人有旦夕祸福。数年后，石仁佑的玉器店发生了一件足以使他遭受灭顶之灾的事情。

皇宫失窃的一件宝物在石仁佑的玉器店被官府搜出来了。其实，石仁佑的玉器店是从一个倒卖玉器的顾客那儿收购了这件宝物，收购时并不知道这是皇宫的宝物。但是，由于失窃案牵涉到皇宫，官府可顾不得这些，惩办起来非常严厉，毫不徇情，将石仁佑以及相关人员一律捉拿归案，同时查封了石仁佑的玉器店。

石仁佑被抓后，他的夫人想方设法营救他，向他平时关系密切的好友求助，却不料竟然没有一个人伸出援助之手，个个都像缩头的乌龟，并且连个安慰的话也没有。

后来，石仁佑的夫人听说杨宗英认识一些达官显贵。在万般无奈之下，石仁佑的夫人就抱着有病乱投医的态度前去求杨宗英救石仁佑一命。

杨宗英非常热情地接待了石仁佑的夫人，没等她开口，就对她说："夫人请放心，这件失窃案本与仁佑兄无关，小弟已经托人为仁佑兄申冤，仁佑兄过不了多久就会平安归来的。”

身为戏子的杨宗英，既认识不少达官显贵，也认识很多江湖义士。几经周折，他由一个朋友那里得知这件失窃案是一个惯于偷窃皇宫内院的盗贼所为。接下来，他又通过自己的朋友将盗贼的资料送给官府。

官府经过几个月的搜寻，终于把盗贼缉拿归案。石仁佑及相关人员全部无罪释放，石仁佑的玉器店也重新开张。

在遇到危难时，地位显赫的朋友闭门不见，而地位卑微的戏子却全力相助。这在透出了世态炎凉的同时，也告诉大家这样一个信息：贵人不一定是我们身边那些位高权重或家财万贯的大人物，而可能就是我们身边地位卑微或家徒四壁的小人物。

每个人都希望在自己的生命中能够有幸得到贵人的帮助，而很多的时候，每个人取得的进步也离不开贵人的帮助。当你询问那些大人物成功的往事时，他们总能够为你说出一大串贵人的名单来。在我们的一生之中，贵人无处不在，他可能是你的亲人，也可能是你的朋友，还可能是你的领导，甚至可能是一个萍水相逢的人。

一个暴雨倾盆的夜晚，一对老夫妇淋得像落汤鸡一样，满脚泥水地走进了一家宾馆的大厅，想要住宿一晚。

“十分抱歉，今天客人比较多，房间已经住满了。”宾馆的服务员很抱歉地说。

老夫妇一时没了主意，走也不是，不走也不是。

“外面下这么大的雨，您二老如果不嫌弃的话，可以到我的房间将就一晚。它虽然并不像宾馆里的套房那样豪华，但还是可以作为休息的地方的。”服务员诚恳地建议道。

“谢谢！可是，如果我们住下了，你就没地方休息，可怎么办啊？”老夫妇很感激服务员的好意，同时也不忘记为服务员考虑。

“没关系的。我今天值夜班，不需要回房间休息。”服务员很得体地说。

老夫妇在得知不会对服务员带来不便后，就接受了他的建议。

第二天，雨已经不再下了。老夫妇找接待他们的服务员结账时，服务员却说："您二老昨晚住的房间并不是宾馆的客房，因此我不能收您二老的钱。同时，希望您二老昨晚睡得安稳。"

老先生临走前，半开玩笑地称赞这位服务员说："你是每个宾馆老板梦寐以求的员工，或许我哪天可以帮你盖栋宾馆。"

一年后，服务员收到一封寄来的挂号信，信中讲述了那个暴雨倾盆的夜晚发生的事，另外还附了一张邀请函和一张去纽约的往返机票，邀请他到纽约一游。

几天后，服务员应邀来到纽约。老先生将他带到一栋华丽的新大楼前，微笑着对他说："这是我为你盖的宾馆，并且希望你能来为我经营。"

服务员十分惊奇，不安地问："您是不是有什么条件？您为什么选择我呢？"

老先生亲切地说："我没有任何条件。我说过，'你是每个宾馆老板梦寐以求的员工，或许我哪天可以帮你盖栋宾馆。'"

这个宾馆就是纽约最知名的华尔道夫饭店，是纽约极具尊荣地位的象征，也是多数各国高层政要造访纽约时下榻的首选之地。

服务员用自己的真诚改变了自己的人生命运。毋庸置疑，服务员遇到了自己生命中的"贵人"。人间充满着许许多多的因缘，并且，每一个因缘都可能将你推向人生高峰，因此，不要疏忽任何一个可以助人的机会，学会对每个人都热情相待，因为你生命中的贵人可能就是其中的某一位。

有些人总是抱怨自己遇不到贵人，因此生活得艰难。其实，他们只是忽略了贵人的存在而已。当你需要做一件事时，给你提出了合理建议的人就是你的贵人；当你去外地出差时，接待和帮助你的当地朋友也是你的贵人。不是只有使你生活改头换面的人才算是你的贵人，只要对你有所帮助的人都可以说是你的贵人。总而言之，贵人就隐藏在你无限人脉资源之中。

不要抱怨自己的生命中缺少贵人。贵人就在你的身边，常常与你擦肩而过，关键是你能不能找出罢了。

看清优劣关系，才能更好发展

在朋友圈中，当面对竞争，或是对手时，你是采取进攻姿态，还是防守姿态呢？鲁莽的人往往会随性而为，而审慎的人则会考虑双方的实力关系。哪一只斗鸡前进，哪一只斗鸡后退，不是谁先说就听谁的，而是要进行实力的比较，谁更强大，谁就有更多的前进机会。

这也给我们以启示。在竞争中，一方能否获胜，不仅仅取决于他的实力，更取决于实力对比造成的复杂关系。特别是当你处在两股力量的抗衡中，要生存就要认清双方势力的对比关系。特别是身处在权利交替更迭的时代，处于争权夺利的利益中心，更需要动一番脑筋，用你的一双慧眼，看清实力较量中的优劣关系。这样，你才能很好地在与他们的竞争中站稳脚跟，从而谋得更大的发展。

在中国历史上，封建王朝时代，宰相的权力是相当大的，地位仅次于皇帝，是一人之下，万人之上的重臣。汉代宰相陈平曾经很好地诠释过宰相的职责是："上佐天子理阴阳、顺四时；下抚万民、明庶物；外镇四夷诸侯，内使卿大夫各尽职务。"

在秦朝末年，英才辈出，被司马迁列入"世家"的，只有陈胜、萧何、曹参、张良、陈平、周勃六人。陈平能位列其中，足见其历史地位。

陈平之所以能从一个穷小子升为高高在上的宰相，受到汉高祖、吕后的信任，并且平步青云，这也与他审时度势、巧谋深算有很大关系。

陈平一生充满传奇色彩。陈平，少时家贫，喜读书，有大志，曾先后跟随过魏王和西楚霸王项羽，因不受重用、不被信任而离开，后来经人引荐才投靠了刘邦。二人纵论天下，言语之中非常投机，刘邦就把他留在身边。虽然刘邦阵营里不乏聪明才智之人，但陈平奇计多且善于谋略应变，深得刘邦信任。在楚汉交锋逐鹿中原期间，多次用他的智慧和谋略解救刘邦于危难之中，他和“三杰”一样，为大汉王朝的创立立下了殊勋。

可是，这样一个受刘邦厚待的人，当刘邦在病床上下诏令，要陈平到军中去砍下大将军吕后之亲信樊哙的头来。陈平却并没有遵从。他在路上对周勃说：“樊哙是吕后的妹夫，眼下皇上病重，咱们可不能犯傻啊！”于是不斩樊哙，而是押送长安，让刘邦亲自去处理。果然，尚未到达长安，刘邦就驾崩了。于是，陈平在吕后面前有了话说：“我奉先帝之命处斩樊将军，可我始终认为樊将军功大于过，怎忍下手？因此我只派人把樊将军送回来，听太后的发落。”

结果当然是“太后大悦”。陈平则被封为郎中令，在宫中辅助年幼的皇帝。

这之后，陈平还违心地拥诸吕为王，保住了右丞相之职，独居丞相之位，登上事业顶峰……

陈平之所以能登上人生的巅峰，是因为他认清了在权力的博弈中，刘邦和吕后实力对比的关系。因此，才能够把握机遇，让自己的仕途大放光芒。陈平博弈的高超技巧，实在值得后人借鉴思索。

有些人可能会认为陈平对刘邦如此不忠心耿耿，实在令人不解。可是，假如陈平忠于刘邦，杀死樊哙，能阻挡住吕后登基吗？恐怕不能！因为那是大势所趋。此时，吕后的实力已经明显大于刘邦了。那样，陈平徒有忠义名节，可能无法保全自身，被吕后势力所害。因此，陈平这样做，是审时度势的结果。

作为下属，特别是谋士，就是为上司出谋划策，而不是愚忠。如果因为愚忠而丧命，自身的才华怎能施展？何况，任何一个上司看重的都是你的才华而不是徒有一颗忠心，更不是不识时务的执迷不悟。因此，如果你处在夹缝中，要审时度势，认清制约自己的双方的实力对比关系，也就是说要跟对人。否则，可能人生会跌入低谷。

清朝乾隆皇帝好为人师，有时也妒贤嫉能。一天，乾隆在宫中设宴，突然雷声大作，天下大雨，乾隆顿时灵感来临，脱口而出：“玉帝行兵，风刀雨箭云旗雷鼓天为阵”。群臣连声称好，然而阿谀奉承一阵之后，良久无人能对。乾隆便要纪晓岚续下联。纪晓岚推辞一番后，慢慢道出下联：“龙王设宴，日灯月烛山肴海酒地当盘”。话音刚落，在座的大臣们一片赞叹。明显下联在气势上压过了上联。

此时的乾隆皇帝面无喜色，沉吟不语。这对于万乘之尊的皇帝来说，是不能接受的。

纪晓岚当然是明白人，见皇帝如此情态，忙解释道：“圣上为天子，因此风雨云雷任驱遣，威震天下；臣乃酒囊饭袋，则只看到日月山海都在筵席之中。可见，圣上好大神威，为臣不过好大肚皮而已。”乾隆听到这些，立刻笑逐颜开，表扬纪晓岚说：“纪爱卿饭量虽然好，如果胸中没有藏着万卷书文，也不会有如此大的肚皮。”

纪晓岚之所以随机应变，是因为他明白在自己和皇上的博弈中，虽然才华胜出，但毕竟在权力的博弈中处于弱势。生杀大权在乾隆手中，得罪皇上虽然不至于杀身但也会对自己不利，自己虽有满腹才华，也无用武之地，因此，不惜自贬身价，使自己脱了险。

也许你认为这是封建时代，为人臣的可悲。的确，就像经济学家茅于轼所说的那样：“……由于权力的供应有限，一个单位只能有一个领导，因而权力的竞争带有排他性，这种竞争给社会带来的利益和成本抵消之后往往为负，这就是内耗。”可是，这个故事给我们的启示是：不论环境怎样变化，不论时代怎样进步，都要讲究做人的艺术。能力要露，但不要让周围的人感觉到危险。当你展现自己的能力给其他的人时，不论上级还是下级，只要发现带有一定的危险性时，一定要给他们一个台阶下，这样做也许能圆满地消除他们对你的不满意，不至于让这种不满成为你前进路上的绊脚石。

再者，即便你跟对了实力强大的一方，也不能仗势欺人，要把弱者赶尽杀绝。因为在斗鸡博弈中，强者的前进并不是没有限制的，前进和后退都有一定的尺度，一旦超过了这个界限，就会有一只斗鸡接受不了，那么斗鸡博弈中的严格优势策略也就不复存在了。因此，在现实生活中，即使运用博弈论中的斗鸡定律，也是要遵循一定条件和规则的。

法则 12

朋友圈也有风险，不可掉以轻心

要做好人，但不要做烂好人

行走在社会上，总要和形形色色的人打交道。这其中，有心地善良、真诚帮助我们的人，也有不怀好意、处处想骗一把的人。他们中有的是想骗钱有的是为了要弄心机，显示自己的聪明。可是，许多人在为人处世中不懂得设防，对谁都是一片好心，喜欢做“烂好人”，万分热情，不知不觉，成了骗子利用的工具。林冲就是这样一个典型。他不但在和高太尉的博弈中被骗，甚至在和陆谦、押解他的差人等博弈中都因缺乏防备心理而屡屡上当。

在《水浒》中，梁山一百零八将个个都给我们留下了深刻的印象，但是，提到林冲，我们一定会认为他不像鲁提辖那么豪爽痛快了，人人都免不了要哀叹一声：“唉，好人没好命啊！”

林冲生性耿直，爱交好汉。武艺高强，惯使丈八蛇矛。这样一个威武不屈的“豹子头”，一个响当当的八十万禁军教头却突遭变故，家破人亡，不得不投奔梁山。除了林冲性格懦弱，不敢反抗外，主要原因是因为林冲太单纯，把身边所有的人都当成好人。

表面上看，林冲是因为带刀误入“白虎节”违背了军令。于是，高俅不管三七二十一不容林冲争辩，就把林冲关进了大牢。但是，所有人都知道这是一个最大的骗局。

高衙内因为对林冲的娘子无法得手，卧床不起。高俅痛心。为了成全自己的干儿子，高俅只好找茬。高俅深知林冲做人正直，没有什么小辫子可以抓到。有什么办法又能抓住林冲，又能使林冲无话可说呢？经过一段时间的酝酿，最终，高俅决定通过陷害林冲这种方式达到自己的目的。

那么，这个阴谋的执行者是谁呢？始作俑者就是林冲的铁哥们——陆虞候。

高衙内有两个铁哥们儿，一个是“千头鸟”富安，一个是陆虞候陆谦。当富安得知主子烦恼的原因后，便推荐了一个人——陆谦，让他完成骗林冲的任务。

于是，隔天，陆谦就去林冲家，以喝酒为名把林冲骗出了家门。但他却没有把林冲带回自己家，而是带着林冲到了一个酒馆里。

高衙内从陆谦家逃出来之后，心里又气又怕，又不敢对高太尉讲，气血攻心，一下子就病倒了。高太尉看到这种情况，就把富安、陆谦两个人叫来，让他们想个办法，于是，林冲在激将法的诱惑下，再一次被骗，买了刀。

结果，第二天一大早，就有两个差人来找林冲，说是高太尉知道林冲买了一把好刀，想叫林冲拿着刀去和自己那把比一比，林冲想都没想，就拿着刀，高高兴兴地跟着那两个差人到了太尉府。这实在是林冲头脑过于简单、心地过于善良的表现。

试想，高衙内霸占自己娘子的目的没有达到，高俅岂能这么快就与他握手言欢？林冲不但没有把高衙内的事情向高俅甚至上级反映，以警示高衙内，反而对老谋深算的高俅也毫无戒心。林冲如此单纯怎能不成为阴谋的牺牲品？试想，如果不是林冲心地善良、如果林冲提防了高俅、如果林冲早一步退出白虎节堂，就不会出现后面的事。高俅当初实施这个计划时，就是不动声色地借用了林冲的善良。

林冲被刺配沧州后，高太尉又派陆谦暗中送给监押十两银子，要他们在半路杀死林冲。于是，当他们来到幽深的树林中时，找借口说：“我们俩要睡觉，所以要把你绑起来。”这句话看似平常，确是两人的借口，这是在为下面杀死林冲做准备，让林冲无法反抗。可是，善良的林冲却毫无防备。

等鲁智深出现，要杀死两人时，林冲还求情说：“师兄不要杀死他们。这不关他们的事，全是高俅要加害于我。”林冲还执迷不悟，竟然为歹毒的骗子求情，怎能不再被人利用？

社会是复杂的，在人际交往中，有一种人就是当面一套，背后一套，明里是盆火，暗里可能是把刀。为了达到他们的目的，可以笑脸对待所有人，然而转过身去，就可能对“故人”“恩人”等下毒手。因此，在为人处世的博弈中，特别是在和不怀好意的人的交往中，想要对付骗子，首先就要知道他们是怎样行骗的。

概括来说，世界上的骗术一共有三种：利益、亲情、要挟。骗子的这三张牌抓住了人的心理特征和性格弱点。因为许多人都有贪图小便宜的心理，所以骗子常会以重奖、提升等利益来诱惑你；亲情是这个世界上人们最为看重的，也是支撑人们事业成功的关键。因此，骗子常常以亲人病重或者出事等后院起火的方式扰乱你的想法；如果骗子对你的弱点有所了解，他们也会以此要挟你。比如，陆谦知道林冲不敢冒犯高衙内这个上司的儿子，因此，骗术才得逞。

在以上三种情况中，人们往往抵抗能力很低，在缺乏冷静分析判断的情况下，往往会在不知不觉中进入骗子的圈套。所以，大家一定要提高警惕，遇到类似情况，先不要激动，一定要冷静下来，判断分析其真实性，以免误入骗局。

总之，与那些不怀好意的人交往的过程也就是防骗、识破骗子花招的过程。因为他们的目的就是用尽各种手段和方式来骗你一把。因此，需要具备一双慧眼，更要懂得一些保护自己的方式。要多长几个心眼儿，识破他们的骗术，不要让自己像林冲一样，让骗子屡屡得手。

越是亲近的人，伤的越深

在囚徒困境中，囚徒之所以选择背叛同伴而接受警察的条件，是因为他们彼此互不信任，都相信对方会背叛自己向警察坦白罪行。因此，警察在与囚徒的博弈中胜出。囚徒这样的互相背叛也说明的了大多数普遍的心理共性——大难临头各自飞。

虽然，人与人之间需要信任，特别是好朋友之间更需要以诚相待。但是，只有信任是不够的。因为利益当前，他们首先会选择对自己有利的选择，而置朋友的利益于不顾。因此，在为人处世上特别是与好朋友的交往中，也不可全部掏心窝。即便你再怎样把朋友当成自己人一样看待，朋友总是朋友。一旦当你和他们的利益发生冲突时，他们也会做出有利于自己而有可能不利于你的选择。而且越是你身边最亲近、对你最了解的朋友，有时反而会伤害你最深。

中外历史上，因为对身边的人不设防，而深受欺骗和伤害的大有人在。在中国古代历史上，李斯对韩非、庞涓对孙膑，不都是好朋友设下的计谋吗？林冲也是被熟悉的朋友所害的典型代表，他人生悲剧的制造者关键人物是陆虞候，这也是林冲的铁哥们。陆谦以前是林冲的朋友，因为惧怕高俅高太尉，又为了保住自己的官职，关键时刻，他背叛了林冲，不但把林冲骗走去吃喝，又叫人骗走林娘子，转眼就成了高衙内的一条很会咬人的走狗。

善良的林冲对朋友一向义气，更没有想到好朋友会伤害自己，因此，被背后的这个冷箭射落马下。因为陆谦太了解他了。所以才能弹无虚发。

这些英雄们的悲剧足令人扼腕叹息。

纵观古今中外，不论在职场还是在官场、情场，那些伤害你最深的人肯定都是最熟悉你的人，甚至是和你磕头结交生死朋友的人。因为他们对你太了解了，所以出手都是直击你的弱点，你的软肋。即便在现在社会，这样的悲剧也时有发生。

一位小伙子和一个哥们私交甚好，常在一起喝酒聊天。一个周末，小伙子备了一些酒菜约了哥们在自己家喝酒。俩人酒越喝越多，话越说越多。酒意微醉的小伙子向哥们说了一件他对任何人也没有说过的事："我大学毕业后没有找到工作，有一段时间心情特别不好。一次和几个哥们喝了些酒，回家时看见路边停着一辆摩托车，一个朋友见四周无人撬开锁，我就骑上去把车开走了。这都是混混们干的事，可我这个文明的大学生也会做出来，想起来真后悔。不管咋说，事情都过去了。我再也不会这样做了。只是感觉说出来心里还舒坦一些。你我是好朋友，相信你也能原谅我一时的冲动。"朋友当时没说什么。

三年后，小伙子由于表现突出，村里人一致推选他当村主任候选人。乡镇领导也尊重群众的意见，很郑重地找小伙子谈了一次话。小伙子也表示一定加倍努力，不辜负领导的厚望。

没过两天，在当地进行公开的群众选举。但是，就在乡领导根据选票要提议让小伙子当村委会主任时，有人却高喊道：他曾经是个小偷，我们不能让这样的人当村主任。领导面临这种突然的变故，无奈只得宣布调查调查再说。

事后，落选的小伙子才了解到是自己的哥们从中捣了鬼。原来，在候选人名单确定后，那个哥们便把他那天酒醉后说出的话透露出去了。不难想象，这样的人品，群众怎能放心？

为什么身边的朋友会陷害自己最深呢？一是因为自己没有防备之心，二来也和他们自己固执、听不进他人的意见有关系。他们总是一厢情愿地把朋友视为生死知己，容不得别人说坏话。当然把别人的忠告也当成了耳旁风。

在王安石变法中，吕惠卿是王安石最看好、最重用的知己、朋友。无论大事小情儿，都要先和吕惠卿商量后才能实行，就连奏章都由吕惠卿代笔，已经把他当成了同舟共济的知己。但当王安石失势时，他马上翻脸不认人，极尽排挤、陷害王安石之能事。当时，司马光意识到王安石的问题出在用人不当，特别是任用了吕慧卿这样有才少德的“小人”，曾经在对宋神宗的信中和致王安石的信中都有所提醒。可是，王安石依旧我行我素。

最后，当司马光被吕惠卿排挤离京时，还提醒王安石注意吕惠卿，他是借变法之名为自己捞取政治资本。可是，王安石依旧当成耳旁风。

变法失败后，吕惠卿竟然把王安石之前给自己的“变法事未定，先不宜为皇上知”的亲笔信奉献给皇上，告王安石欺君的罪名。

可怜王安石，被这个“知己朋友”的暗箭射落马下。

其实，不光是王安石，社会上有些人之所以被亲信、密友所害，也有着和王安石一样固执的性格和一厢情愿的天真美好的愿望。

他们的思想中总存在这样的认识：好朋友肝胆相照，不会背叛自己。大家都这么熟悉了，低头不见抬头见，他们做出伤天害理的事情会不好意思的。即便有人提醒他们，他们也会想，连兔子都不吃窝边草呢？自己的利益不会受到什么损害。这样的思想让人们认定了自己与他们之间是重复博弈的关系，正是这种在重复博弈中出现认识上的盲点才让许多人走入了误区。

岂不知，“兔子不吃窝边草”是因为它不饿，是因为其他地方有着更令它向往的草。因此，它要利用窝边草来保护自己。可是，一旦当它发现窝边草比其他地方更加肥美，焉能不动心？何况它为了利益可以撕破面皮，不想再保持和朋友的关系。在人人都讲利益的时代，仅凭友情有时是靠不住的，特别是当你面临和朋友一起分利益的时候。

如果你毫不设防，把自己一些不甚体面、不甚光彩，甚至是有很大污点的事情随便告诉一个别有用心的朋友。关键时刻，他会拿出你的秘密作为武器回击你，使你在竞争中失败。这时，以前你们反复进行的重复博弈随时就可能变成一次性博弈。因此，在为人处世的博弈中，要提高警惕，不仅要防范陌生人，还要防范身边的朋友。

天下没有不散的宴席。再要好的朋友也不会和你永远站到一条战壕中。他有他的人生目标，他有他的选择方向。因此，要防止被熟悉的人暗箭中伤，首先需要有一颗“防人之心”。有一颗防人之心，是每个人必须经历的一堂课。尽管我们都希望人人都像朋友一样友好，可是他人并非如此考虑。他们不会损失自己的利益去成全你，甚至会与你争夺哪怕一丁点儿的利益。因此，无论什么时候，我们都要明白，害人之心不可有，防人之心不可无。尽管我们应该善良地去处事，宽容地对待他人。但是宽容不是纵容，善良也不是毫无戒心，对狼一样的人不需要心存善良。

当然，这并非就是说朋友不可信，只是让那些对什么人都没有戒心的人多一个心眼儿。如果能有防人之心，又有识破他人心理的一双慧眼，那么你就可以及早发现危险信号，并且识破他的阴谋，让自己的利益受到保护。有一颗防人之心就会有所戒备，不至于出现东郭先生的悲剧。

如何辨识别有用心的人

社会上，人的个性是光怪陆离的。看似凶恶的人，却可能心如暖阳：而看似老实的人，却可能有着蛇蝎心肠。因此，我们不但要有一定的提防之心，而且还要具备一双能识别人性人心的慧眼。

那么，怎样才能识别出那些别有用心的人呢?

一般而言，了解、识别人的办法有以下五种：

一是通过某些是非问题来了解其立场；二是告诉危难情况和灾祸，来了解其品行；三是给予其得到财物的机会，以观察其是否廉洁；四是嘱托其办事，以观察其是否守信用；五也可以灌醉后看其言行。

1. 拖延封赏

一般来说，赏赐和加官晋爵是小人所追求的目的，为了达到这个目的，他们往往会伪装成君子的样子。因此，在应该封赏时，你可以故意拖延，这时，他们往往会闹情绪或者做出背叛你的举动。那么，你就可以识别出这些人。

2. 远离阿谀奉承

小人最擅长的是阿谀奉承，他们这样做的最终目的是为了从掌权者身上得到回报，一旦他们取得掌权者的信任或任命，他们的真实嘴脸就会暴露出来，说不定会对有知遇之恩的人反咬一口。

孔子有句名言说：“巧言令色，鲜矣仁。”因此，一定要留意自己身边一味说好话的人，切不可因为他说的都是自己爱听的话就重用他，提拔他，那样做无异于养虎为患。否则只会耳根受用心受伤。

3. 识别道貌岸然的伪君子

伪君子常常表面伪装得一副模样，暗地里却做着违反伦常、伤天害理、阴险狡诈的事情。如果你信任他，而疏于防范，反而会使自己所受到的伤害更大。因此，对于这些伪君子，你可以用利益来考验他，或者告诉危难情况和灾祸，来了解其品行。如果他“大难临头各自飞”，那其他的一切显然都无从谈起。

4. 不要轻易相信外表柔弱的人

柔弱者大多并非什么恶人，之所以要对他们加以防范，是因为有些柔弱者有可能被奸者、邪者所利用。他们往往欺上瞒下，无恶不作；在强者面前奴颜婢膝，阿谀奉承，在弱者面前却盛气凌人，横行霸道，他们以柔来掩盖真实的丑恶嘴脸，然后趁你不注意狠狠地戳你一刀。因此，千万不要以为他们柔弱的表象会给自己带来安全感，那只是自欺欺人。

宦官石显在皇帝面前却显出一副柔弱受气的小媳妇神态，因此，他的柔弱博得了皇帝的同情和信赖。但是，他充分利用皇帝对他的宠信而日益骄奢淫逸，滥施淫威，胡作非为。

由此可见，正是这种外表看来柔弱的人才善于耍弄手腕，以所谓的柔来蒙骗上司，以达到欺上瞒下的目的。如果你是他的上司，小心被他们利用、如果你是他们的同事，要防备他们实力增强时暗算你。

5. 坚决和赌友绝交

千百年来，有不少人就是被赌博害得家破人亡。人一旦嗜赌成性，便会从此走火入魔。因此，在交友中，千万不要和生性好赌的人交往过深。因为这些人往往是图谋你的钱财。因此，对于赌友这类的人的好心也要有所提防。否则，你就有可能悔之晚矣。

西部某国有公司的一位经理在澳门旅游时被一位好赌的朋友拉进了赌场。他小赌一把后偶有赢利，从此染上赌瘾，一发而不可收。最终将国家的 4000 多万元人民币输进了赌场，本人也被绳之以法。

6. 防备“同舟”之人

“同舟共济”本来的意思，是指在困难面前，彼此能够互相救援，同心协力。但是，朋友并非一成不变，个体的友谊可能经不起考验。建立在一定利益基础之上的“同舟”，总有各奔东西的一天。事实上，在一些时候，同舟之人未必总能共济，因此，我们有必要多长点心眼儿，予以防备。

朋友的改变有以下原因：

一是人品的改变。当面临大是大非时也是考验一个人人品的最好时刻。那时，你会发现，即便是曾经肝胆相照的朋友可能也经不起富贵的诱惑。因此，一旦朋友的人品发生了改变，这个朋友也不用交了，否则可能是在你的身边安装了一个炸弹，稍微不小心就会把你给出卖。

东晋大将军王敦的兄长在失去王敦的依靠后，想去投奔王舒。当时，他的儿子劝说父亲去投奔王彬，父亲训斥道：“王敦生前与王彬没有什么交往？那小子那儿有什么好处？”

可是，他儿子说：“王彬不趋炎附势，这就不是一般人能做到的。现在看到我们衰败了，一定会产生慈悲怜悯之心。而王舒一向保守，心胸狭窄，怎么会开恩收留我们呢？”可是，父亲不听，拉着儿子径直去投靠王舒，被王舒淹死在江中。

二是志趣的改变。俗话说：道不同不相为谋。当初是交心的朋友，现在却因为各自的趣味和志向而发生变化，此时不必勉强，否则他无意中的不配合也会坏大事。

三是交情的改变。随着时间的推移，两地空间阻隔，就算曾经是很好的朋友，也会变得陌生。假如你需要他们帮忙或者有要事和机密之事需要托付给他们时要慎重。在对你不了解的情况下，他们的举动很可能好心办坏事。因为他们身边也许存在别有用心的人。所以，千万不要贸然相托。

不论是朋友还是其他人，在你和他人的交往中，虽然时间可以考验友谊，但是，任何事情都是防患于未然，如若能练就在事前识别出奸人小人的本领，则可将自己在生活中受到的伤害降到最低程度。

热情也要把握一个“度”

中国人热情，地球人都知道。热情总是受欢迎的。但是，热情要给人自然、舒服的感觉。如果不舒服，热情就会成为多此一举，就会落得个出力不讨好的结果。因此，热情也要讲分寸，掌握个度，过了这个度，就会让人感觉不舒服，效果只能是适得其反。

提起热情，人们会想到服务行业。在服务行业，对顾客热情相迎当然比冷冰冰地待客更让客人舒心满意，但如果不讲究分寸，服务过分热情了反而会引人反感。

比如，走进饭店，门口站着两排人，异口同声地说：“欢迎光临”，再给你鞠上一躬，弄得你不知所措。客人进房间以后，都想休息一下，正在宽衣，门外却有人敲门：给您送茶。吃完早饭回来，已经有服务员在给你打扫房间，可你的东西还没收拾。吃过午饭，想休息一下，刚躺下，有人敲门给你送水果。这些过分的热情就是打扰，难免有些让人受不了。

而且有些热情还不分场合，把热情用错了地方，更让人无法接受。

在上海国际会议中心，令人们想不到的是：每个厕所居然都安排一位服务员。当你轻轻推动厕所的大门时，门突然开了，里面站着一个人，这个人不是上厕所的，而是迎接你的。他一弓腰，引导你往里走。你站在便池边，服务员站在你身边，可想而知，客人是怎样地不自在啊！当你洗手时，他拿出一张手纸递给你。虽然热情周到，但是没有考虑客人的心理感受。厕所是隐私的地方，这种热情服务显然放错了地方。

这种过分热情的表现就是没有掌握热情的分寸。他们的这种过分热情就让人觉得吃不消，有种被侵犯了的感觉。

商家都知道顾客是上帝，也想让顾客享受上帝的感觉。但是，上帝的隐私也不愿意被人知道，上帝也需要一定的自由度。如果商家不了解客户的心理感受，必定无法令客户满意。这些企业在和同行的竞争和博弈中恐怕也无法胜出。

这种热情过度的现象如果说是企业管理者的错误决策导致的话，那么，在某些员工身上也存在。表现在上下级关系中，有些员工总认为和老板走得近会表现出自己很有价值的一面，殊不知，这样并不会抬高自己的身价，反而会适得其反。过分的热情，会让人产生你在讨好上司的印象。

美美和她的上司因为年龄相仿，性格、工作风格也十分相似，因此经过几次接触后，关系变得特别好。他们不但在工作中配合默契，而且，上司每每出席一些宴会时都会带上美美。当然，美美也不负众望，不是替上司喝酒应酬就是和其他客人周旋，一切配合得天衣无缝。

由于两人在一起的时间比较多，上下级关系似乎也摆平了，平时在办公室忙完工作也会随便聊天，谈笑风生。这种情况，让那些对上司望而生畏的新员工无比羡慕。但是时间一长，这种关系就招来了员工的非议，有人说美美是上司的小蜜，甚至有人说他们是情人关系。

上司听到后，从此就留了心，想慢慢地疏远美美。可是美美认为自己行得正，走得直，又没有做出格的事，依然如故。

有一天，上司正在办公室，美美像往常那样，没敲门就大步流星地走进去，笑嘻嘻地刚想开一些轻松的玩笑。没想到上司的脸色一下变了，厉声地对她说："这是上班时间，不要谈论与工作无关的事情！快出去！"

没过多久，美美就被调到了另一个部门。即使两个人偶然碰到，也只是尴尬地点一点头，再也没办法回到以前那种自然的状态。

职场中，很多人却经常忽视这两个因素，以为只要搞定上司，就可以前途无忧。拼命地向上司靠拢，反而适得其反，不仅可能被同事算计，还会在上司那里彻底失去机会。任何把自己的地位建立在与上司保持亲密关系上的人，就像要在沙滩上盖一座坚实的房子一样是痴心妄想。看上去风景独好，其实一推就倒！职场人士切记，无论到什么时候，上司就是上司，你必须保持敬畏和恭维，保持几分仰视的姿态。这样一来可以维护他的权威和虚荣心，二来让你的同事抓不到把柄。

这种热情过度的现象不论在职场上还是生活中都存在。有些正在恋爱的人，不论大街上有多少人，也不论自己的关系是否到达亲密无间的地步，都喜欢夸张地喊一声“亲爱的”，以向人显示什么，这明显是在利用热情。

还有些人，动不动就声称别人和自己是两肋插刀的铁哥们，因此，在他人家里就像在自己家一样随便。这种热情也让人忍受不了。

人际交往的过程就是博弈的过程。太近则会被彼此伤害，太远则会关系疏远。有一定的距离感才是尊重对方的表现。但是，老实人常常不懂得这些，总认为亲密就要无间，保持距离就会疏远，因此对谁都热情有加，对朋友更是亲密无间。殊不知，只有距离才能产生美。

因此，不论在亲情还是友情、爱情等方面，要想为自己营造一个良好的生存环境，就应该与他人保持一个能产生“美”的距离。把握热情的分寸才是人际博弈中理性和自制的表现。这样，既让他人有安全感，也让旁人无法挖你的墙脚。

与人说话，别张口就来

俗话说："一言可以兴邦，一言可以乱邦。"我们且不说兴邦还是乱邦，就这句俗话本身而言，也足以证明说话谨慎小心的重要性。

一对情侣到一家服装店买衣服，为了一条裤子讨价还价，老板坚持要60元，女孩坚持给50元。老板不卖，女孩拉着男朋友要走。老板脸色一变说了句："60块还讲个没完，真是没出息！没钱就别出来晃，丢人现眼。"

这话说得十分难听，那对情侣顿时火冒三丈，结果老板还来劲了，说出了更狠的话："像你这种身材，肥得像猪一样，一辈子买不到裤子！"这下女孩的男朋友可不干了，抓起老板的衣领就是一拳。

现代人比较注重人际交往的技巧，却最容易忽略人际交往的基本原则：平等与相互尊重。我们在和他人沟通的过程中，往往会因为一句话而引起他人的不悦，就是因为我们没有考虑对方的感受，而只是发泄自己的情绪，一吐为快。很多时候，一句在自己看来无关紧要的话就有可能在听者的心田划开一道无法愈合的伤口。

嘴边没有把门的，有很多害处。俗话说：言者无心，听者有意。他会认为你是有意跟他过不去，从此对你恨之入骨。如果在人际交往中，总是想通过高明的技巧来战胜别人、征服别人、压制别人的话，身边的人都会纷纷离我们而去，不再与我们做朋友。因此，说话时一定要掌握好时机和火候，不然的话，一定会碰一鼻子灰。

老刘在单位有十几年的工作经验。他自恃有一定的工作经历，又是小老板的长辈，因此，处处显示自己“威武不能屈”的骨气。

一次厂长说了他几句，他当场就在厂长办公室里拍了桌子，“什么东西嘛，俺进厂子时，你小子还不知道在哪儿混呢？连你老子都要买我的账，你个小毛孩懂什么？”结果，厂长听到后，认为他太桀骜不驯，故意揭自己的短，之后找个理由就辞退了他。

在人际交往中，有些人性格直率，往往仪仗着和对方关系亲密等，说话时就会口不择言。其结果不是说到了对方的痛处就是让对方下不来台。尽管说者无意，但听者有心，因此，这种方式也往往令对方不满意。

小玲因为加班，路上又堵车，回家时早就过了晚饭的时间。老公早吃完饭坐在电脑前玩游戏了。小玲一进门，没好气地说：“人家都饿得前胸贴后背了，你倒好，酒足饭饱，还玩游戏，真是好生活！”说完，小玲重重地把包扔到沙发上，本来想给她做饭的丈夫也没了兴致，此后，两个人一个月都不再说话。

不论在古代还是在现代，不论在官场、职场还是在日常生活中，因为口不择言、口无遮拦而得罪他人，甚至危及自身性命乃至事业前途的大有人在。不仅在职场上，就是在生活中，如果口无遮拦，他人也会利用你的弱点，令你的人生步入黯淡的岁月。

一家省级研究单位中，有一位年轻的副主任，很有发展前途。他有一个幸福的家庭，在工作也很受上司赏识。可是，他鬼迷心窍，竟为图一时的快乐，与本单位一个临时女工发生了不正当的关系。

这还不算，当领导找他谈话时，他居然振振有词地回答道：“人生不就是图个快乐吗？我本来和妻子就没有什么感情，但是，离婚她又不肯，我为什么非要委屈自己呢？”

结果，这番话被他妻子知道了，妻子以受害人的身份把他和那名女工都告上了法院。理由是他们两人合谋要破坏家庭幸福。结果是，单位领导把那个女工开除了。他自己也被领导给予行政处分，当初同事和上司心目中的好形象也破坏了，不仅离了婚，而且还赔偿了妻子一大笔精神损失费。

妻子把房产和孩子都要走了，他从此升职无望。每当单位考虑提升他时，总有人进言："连自己的生活都那么随便的人，对工作能认真吗？能领导好员工吗？"

于是，本来很有前途的年轻人一蹶不振，陷入忧郁痛苦之中。离婚三年了，至今仍光棍一条。

有句老话叫作"祸从口出"，口不择言、口无遮拦都是在感性情绪的支配下所产生，也就是平常老百姓说的，"说话不经过大脑"。这和理性的博弈是背道而驰的。这种说话方式注定在为人处世的博弈中是一个人生的失败者。

首先，应该学会体察对方的心思，体贴对方的心理和需求。不能张口就来，甚至哪壶不开提哪壶。因此，为人处世一定要把好口风，要管好自己的嘴巴。

什么话能说，什么话不能说，什么话可信，什么话不可信，都要在脑子里多绕几个弯子。

为了避免产生语言冲突，在你说任何话之前，都该先想想："我的批评是有害的？还是有益的？"有时候，当对方的缺点和错误无法回避，必须直接面对时，当你指出对方不足时，要顾及场合，别伤到对方的自尊心。对于个性较为开朗者，或许没有必要回避，但在生性多疑且自卑者面前，即便是最要好的朋友，你也要特别注意。你若触动其心事，也有可能反目成仇。

所以，你还是不提为妙，口无遮拦只有自讨没趣！最好不要主动引发有可能令对方尴尬的话题。如果是指出上司的错误，必须懂得避重就轻，委婉地传达信息。

其次，人应该学会把难听的话包装起来，这样也可以把坏事变成好事。

据说，司马昭与阮籍有一次同上早朝，忽然有侍者前来报告："有人杀死了母亲！"放荡不羁的阮籍不假思索便说："杀父亲也就罢了，怎么能杀母亲呢？"此言一出，满朝文武大哗，认为他"有悖孝道"。阮籍也意识到自己言语的失良，忙解释说："我的意思是说，禽兽才知其母而不知其父。杀父就如同禽兽一般，杀母呢？连禽兽也不如了。"

一席话，竟使众人无可辩驳，阮籍避免了遭众人谴责的麻烦。其实，阮籍在羹口之后，只是使用了一个比喻，就暗中更换了题旨，然后借题发挥一番，巧妙地平息了众怒。

人与人的接触，即由双方的交谈开始，这种情形好比面对扩音器说话，说的什么，听到的就是什么。

在很多的情况下，如果能多花一些时间，设身处地为他人着想，多一份尊重，多一份相互的关怀和理解，让语言变得更加柔和、委婉。在人际交往中就能赢得众人的爱戴，让人际关系更加和谐。

当不了主角，就做最佳配角

许多时候，如果你身边的人很优秀，你所处的团队很棒，那你不一定非要通过争“头牌”来证明你的价值。就像许多优秀的大学生，在进入名校之前，他们是学霸，是佼佼者，但是山外有山，楼外有楼，在一个更大平台与环境中，你不一定是第一，是最优秀的，但这并不妨碍你做最好的自己，哪怕是演个配角。

生活中几乎没有人能够坦坦荡荡地说出“我愿意做配角”之类的话，尽管它也是必不可少的。在一个电视剧中，主角只有少数几个，而配角却有很多。

配角看似是不起眼的，但并不是每个人都能将它演好。做配角，不仅需要精湛的演技，更需要有过人的胆识、超凡的勇气和坚韧的毅力。当你不可能成为主角时，那么，为何不尽全力将配角演好呢？

众所周知，阿姆斯特朗是第一个登上月球的人，当他踏上月球的那一刻，全世界人类都在为他欢呼。阿姆斯特朗还说了一句话：“我个人跨出的一小步，是全人类跨出的一大步。”这句话成为当时世界各地家喻户晓的名言。但是，人们几乎把所有的光环都戴在了阿姆斯特朗的身上，而忽略了另一位宇航员奥德伦。他也登上了月球，只不过比阿姆斯特朗晚了一点。

后来，在庆祝登陆月球成功的记者招待会中，一个记者突然向奥德伦问了一个很特别的问题：“这次登陆月球的过程中，是阿姆斯特朗先下去的，他是登陆月球的第一人。对此，你会不会觉得有些遗憾？”面对这个有点尴尬的问题，奥德伦并没有慌张，而是很有风度地回答道：“但是大家不要忘了，我们回到地球时，我可是最先出舱的。所以，我是第一个由别的星球来到地球的人。”听了他的话，在场的人都笑了，纷纷给了他热烈的掌声。

毫无疑问，在这次“登陆月球”的大事件中，奥德伦是个配角，但是不得不说他这个配角很精彩，和主角同样受人们尊重。我们可以这样断言：甘当配角，表面上看会失去一些关注度，会被人忽视，但是长远来看，却更能得到人们的认可。

在香港演艺界，有一名演员，一直都在充当配角，在他的演艺生涯里，几乎没有主演过一部电视剧、一部电影。即便如此，他的名声却非常显赫，声誉也极高，只要一提起他的名字，几乎无人不知。可谓家喻户晓，妇孺皆知。他是谁呢？他就是著名的喜剧演员吴孟达。虽然演的是配角，但是他靠精湛的演技，留住了观众的视线，为许多作品增添了不少活力。

人生中，绝大部分时间我们其实就是在充当配角、扮演配角，毕竟主角是有限的，无论是权力机构，还是企业部门，都不可能每个人都去担任一把手，充当主角，更多时候，我们都只能是二把手、三把手、N 把手，处在配角状态。然而这并不影响我们获得成功，因为配角的人生也能辉煌。

雨果曾经说过：“花的事业是尊贵的，果的事业是甜美的，让我们做叶的事业吧，因为叶的事业是平凡而谦逊的。”假如你是一个演员，哪怕只是一个跑龙套的，也会对剧情产生很大的影响。主角有“最优”，配角同样有“最佳”，二者不可厚此薄彼。

为人处世，不要逢人就“掏心窝子”

生活中，人人都有倾诉的愿望，都有想把快乐和痛苦甚至秘密与人分享的时候，此时，往往会不顾一切地掏心窝，恨不得把自己知道的一切都全部说出来。

可是，如果对方不是你特别了解的人，你也畅所欲言，吐露真心，对方的反应是什么呢？如果你说的话，是属于你自己的事，对方愿意听吗？如果彼此关系浅薄，你与之深谈，显出你没有修养。

有度的真诚，才能让彼此更舒服、更安全。如果他不是你的诤友，就不适合与他深谈，否则会显出你的冒昧。所以“逢人只说三分话”，不是不可说，而是不必说。说心里话的时候一定要有“心机”，该说则说，不该说千万别说。对此，聪明人的做法是：可以不开口的，就尽可能做到三缄其口。

古人说得好：“逢人只说三分话，未可全抛一片心。”这并非要你做个虚伪、城府深的人，更不是要你去撒谎。这是因为世界上，真能与你以一颗真心相待的人是不多的，并不是所有的人都是君子。如果你一下子就把心掏出来给对方，那就有可能“受伤”。因为，知人知面难知心，你对对方掏心窝，但难保对方会对你以诚相待，也许他掏出是“假心”！一旦你遇到别有居心的小人，刚好利用了你的坦诚，那你就会有危险了。因此，“逢人只说三分话”，还有七分话，就不必再对人全部说出来了。

也许你会说，我们单位没有那么多小人，何必遮遮掩掩。诚然，人人都喜欢正直而坦率的人，但是，坦率直言的人开始会给人好的印象，可是，渐渐地人们就会觉得他头脑简单、幼稚。如果你的话题涉及他人，你不清楚对方的立场、主张，就直言不讳，把话说得太满，往往动辄得咎。

某化妆品公司销售部经理每次在对新产品进行市场预测时，总是先要召开本部门的会议，让下属共同讨论，道出自己的意见。

一次，开会的时候，公司新来的两个员工都表达了自己的看法，认为开辟一个新市场志在必得。而且，两人在阐述自己意见时，还强调说要是按照他们的方法做一定会成功。结果，两人十分自信的话语得到了销售部经理的好评。销售经理当即表示要他们俩拟出一份详细的销售计划书，表示要上报给公司总部。

这两位新员工没想到经理如此看重自己，欣喜若狂，认为自己的机会到了，要好好表现一番。

可是，按照他们的计划书执行后，新产品上市后，销售情况一直未见好转，这令销售部经理非常恼火。当公司追究责任时，这两位新员工一下子成了众矢之的，结果不但被领导责骂还被扣了奖金。

社会上，有些初出茅庐的年轻人，总担心自己被别人小看，因此，对他人的要求常常满口应承。其实，这是自不量力的表现。如果话说得太满，答应他人的无法兑现，霸王硬上弓与理智博弈背道而驰。这两位新员工就是不懂得说三分话的道理，把话说得太满、太死。开会时不仅表明了自己的看法，还在后面加上“一定能够成功”的话，这种飘飘然的自夸，不留后路的表态方式也注定了他们最后要自讨苦吃。

俗话说：“一言既出，驷马难追。”任何人，都必须对自己说出的话负责。可是，世界上，万事万物都是在不断变化的。即便你认为十分有把握的事情，也会瞬息万变。固然，事情办妥了皆大欢喜，但万一出现问题，每个人为了自保都会推卸责任。因此，在和上司、和同事的博弈中，说三分话就是要为自己留有一定的余地。

比如，在单位中，领导就某项决策征求你的意见时，在阐述自己想法时，一定要注意“话不说死”。上司问你某个与业务有关的问题，千万不可以说“不知道”，而是要说“让我再考虑一下，之后回复好吗”，这不仅可以暂时为你解围，还会让上司认为你在这件事情上很用心。如果提交自己的建议时别忘记加上一句话，“这仅仅是我个人的想法，考虑不一定成熟，还要看领导的最终决定。”这样既表达了自己的看法，关键时刻还不用负责任，达到明哲保身、留有后路的目的。此时，说三分话就是为了让你不至于搬起石头砸自己的脚。

在日常生活中，当朋友、同事有求于你的时候，在表明自己的意见时，别忘了给自己留一条后路。当你许诺别人的时候，最好加上一句：“我一定尽力帮你，但……”之类的附属语。

有时候“话不说死”还可以作为拒绝别人的最佳方法，既留给了对方的面子，也不会让自己为难。它可以为对方保留一点希望，有利于稳定对方的情绪。

“逢人只说三分话”不是不可说，而是不必要说的不要说。与人说话，过多地暴露，人家会觉得你很肤浅。因此，要讲艺术，要分人、分场合、分时间。说话圆满而保守，这是人际交往的博弈中，提升人气的一条重要法则。

懂得说话，要给自己留后路

不可否认，把话说得明明白白会给人以良好的印象，明确而坚定的表态也给人以自信的感觉。但是，话一出口就收不回来。如果在表态或许诺时如果总是轻易地使用“绝对”“一定”的字眼，不留余地，未必是明智之举。此时，选择“模糊表态”的方式可以为自己留有余地。

“模糊表态”，就是指说话给自己留后路，其特点就是不直截了当地表示态度，避免最后事与愿违的尴尬和没必要承担的责任。

模糊表态的特点之一是：顾左右而言他。

一般来说，单位中的领导遇到棘手问题都不会明显表明自己的意思，而是模糊表态，顾左右而言他。此时，作为下属，就要正确领悟领导的意图。另外，找借口，巧妙躲避你不愿意透露的事也是模糊表态的表现。

当有人要求你解决或答复问题的时候，他的内心其实一定是寄予厚望的，希望事情能如愿以偿，圆满解决，你也是真心想帮他，但万一你最后因种种突发事件未能做好，就会让他们失望甚至失信于人。所以，此时最明智的做法就是：对他人的请求或者是意见做出间接的、含蓄的、灵活的表态。在允许的范围内“含糊其辞”。只有这样才能进退自如，避免在未兑现许诺时，影响了自己的人际关系，或使对方感到不愉快并长时间耿耿于怀，甚至让自己陷入被动的境地。

比如，有时候同事之间或许会流传一些小道消息，例如某某要升职了，某某要被开除了，或者奖金要发下来了，要涨工资了，等等。这时候如果你恰巧因为做了某个职位或者知道了这些消息的具体内幕，别人向你打听，你最好不要全盘托出，毕竟事情还没有真正发生，若你自行透露，总会有人失望有人得意，两头不好做。所以你可以拿出一些令人信服的理由说：“哦？我不知道啊，这几天也没见到老板。”

模糊表态的另一种表现方式是不做非此即彼的正面应答，而是两者都照顾到，让对方无懈可击。事有法而无定法，“模糊表态”也不可生搬硬套，要灵活运用。该明确表态时不可含糊其词，不然就显得没自信；而该模糊时也不可明确，否则就过于武断。这就要看自己的判断力了。

法则 13

朋友圈也有竞争，学会做精明的傻瓜

有时要将聪明放在糊涂里

俗话说得好，“真人不露相”，能力越高的人，修养也就越高，见闻也就越多，为人也就越谦虚谨慎，不会在别人面前炫耀和卖弄自己，会把自己的聪明才智隐藏起来，默默寻求发展机会。这种人很容易在一个不被别人注意的角落留意观察别人，而自己的心思却不容易被人觉察到，而且还会在借鉴别人的可取之处。

在《阿甘正传》这部美国励志电影中，阿甘是个典型的“弱智”，他头脑极其简单，想问题单一，没有理想。当一群小朋友要欺负他的时候，他的女朋友告诉他，快跑，单纯的阿甘就一路狂奔，速度比他人要快许多。

当在打橄榄球的时候，教练告诉他，拿着球快跑就可以了。结果，他出人意料地赢得了比赛。在战场上，他的长官告诉他，当你遇到危险的时候，只管快跑。这样，单纯的阿甘逃过了小朋友的欺负，跑到了大学的校园，跑成了一个国家英雄。

现实社会中，我们都乐意和单纯的人交往，觉得他们没有心机，没有算计，没有诡计，和他们在一起会让人觉得轻松、惬意，不需要费尽心思去猜想对方到底想什么。而和那些精明的人交往会感到心累，无时无刻都需要提防，处处要警惕，他们自然也就很难得到他人的信任。

从心理学角度讲，人们也不喜欢与过于精明的人交往。为啥？怕被算计呀。这样精明的结果，只能以自己成为孤家寡人而告终。

所以，人太聪明了就没有朋友。乐于助人是获得朋友的前提，一事当前先为自己打算，时时处处唯恐自己吃亏，这样的人，谁敢与之交往？所以做人有时要拿出一点“大智若愚”的格局。真正的智者决不卖弄小聪明，他们懂得生活的真谛，能够把握做人的原则。过于精明的人往往又重“小利”而忽视“大利”，斤斤计较却不知轻重，机关算尽而本末倒置，弄得人人退而避之、敬而远之，难道不是最愚蠢的吗？

有句老话叫“知易行难”，懂得道理很容易，付诸行动却很难。聪明人喜欢“眉头一皱，计上心来”的潇洒，但是，他们往往只限于“头脑风暴”，而不善于与人打交道，刚愎自用，结果聪明反被聪明误。

历史上的周瑜何等聪明，但结局却是悲剧。现代企业管理中，无数次商场上的起起落落，似乎都证明了这个朴素的真理：很多人，他们有着最聪明的头脑，有着最敏锐的商业嗅觉，一拍脑子，点子就来……但是，有了这些素质的人，却往往不是最后的成功者。这是一个很奇怪的现象，但事实却真的如此。

聪明人机会是很多的，可是往往定力不够，最后一个个栽倒在某个美丽的陷阱里。他们很容易自负、浮躁、急于求成，在变来变去中，连自己也搞不清是怎么回事了。

聪明本不是坏东西，但它可能坏事，它只是初步的，我们必须通过实践去把聪明转变成智慧，因为智慧而促进实践，在智慧的基础上行动，才能够事半功倍。转变的前提是，你必须身体力行才可以。

当然，聪明不是错，更不是罪，关键是要聪明地利用好自己的聪明，这样，才能为自己的人生锦上添花，而不会让它成为美丽的包袱。

放下执着，做个洒脱的人

在网上看到一个有意思的帖子：

如果你家附近有一家餐厅，东西又贵又难吃，桌上还爬着蟑螂，你会因为它很近很方便，就一而再，再而三地光临吗？

你一定会说："这是什么烂问题，谁那么笨，花钱买罪受？"

可同样的情况换个场合，自己或许就做类似的蠢事。不少男女都曾经抱怨过他们的情人或配偶品性不端，三心二意，不负责任。明知在一起没什么好的结果，怨恨已经比爱还多，但却"不知道为什么"还是要和他搅和下去，分不了手。说穿了，只是为了不甘，为了习惯，这不也和光临餐厅一样？

——做人，为什么要过于执着？！

佛家认为，人要成佛，首先得"破执"。简单地说，破执也就是破除心中的执着。《金刚经》中有云，"应无所住而生其心。"这句话的意译是：执着是一个人的内心最顽固的枷锁。放下执着，少些计较，就能让心的力量释放出来，自由地发挥它的作用。

身在社会，身不由己，但我们终日忙忙碌碌、疲惫的心灵确实需要宁静的放松，尽管忙碌使我们充实而又愉快，如果我们不懂得洒脱，实际上在给自己加重负担，让心灵终日劳役的我们哪里懂得洒脱是生命赏赐我们的礼物呢？一味追求而忘记给自己一份洒脱的机会，我们又岂能负载更多世俗的担子。

洒脱，那是在痛苦之后的一种平静，那是在苦涩中品味出的一丝甜蜜。拥有他，我们将拥有与天地一样包容世间一切的广阔襟怀。

有时确立一个目标，或目标过于明晰，反而会成为一种心理负担和精神累赘，从而沉重了我们前进的脚步，束缚了我们翱翔的羽翼；相反，这时候没有了目标，或将目标删除，学会洒脱，一身轻松的我们反而会走得更远，飞得更高。洒脱，是一份难得的心境，只有解读洒脱，才有“天生我材必有用，千金散尽还复来”的自励；只有酝酿洒脱，才有“挥一挥衣袖，不带走一片云彩”的飘扬；也只有拥有洒脱，才有“面朝大海，春暖花开”的情怀。

洒脱，就像一江流水迂回辗转，依然奔向大海，即使面临绝境，也要飞落成瀑布，就像一山松柏立根于巨岩之中，依然刺破青天，风愈大就愈要奏响生命的最强音。

有的人对他人说法不屑一顾，他们往往具有相当独立的价值观，不拒于荣辱、不惧于生死、不齿于躬耕、不悲于饥寒、不谋于权术。他们的生活，也许简单普通，但魅力无穷，不要为无所谓的尘世而计较成败得失，使自己光守着一颗烦闷的心；也别再为现实和理想的差距，而让自己思索着沉闷的主题；更不要为人生的坎坷，岁月的蹉跎而一蹶不振，因为孔明曾经说过：非淡泊无以明智，非宁静无以致远。

也许只有洒脱，才能向像荡漾的春风，让我们无时无刻不在感到天地间的勃勃生机；也许只有洒脱，才像“汩汩”喷涌的青春之泉，为我们的身躯注入无穷无尽的生命活力，生活也会因此而散发出永久的芳香。

世事如浮云，循环往复，瞬息万变。指的是太阳到了正午，就会西落，十五的月最圆，残缺之时马上到来。天地有此亏盈消长之道，人世间的事物也是如此。天道的盈亏不以人的意志为转移，太阳到了正午自然中天，月亮到了农历十五必然最圆。而人却能够进行自我控制，使自己保持不“满“的状态，以避免走下坡路。

最大的愚蠢就是自以为是

争强好胜是人的天性，表现在博弈中就是每个人都过于自信，总相信博弈的对方是傻瓜，而自己最聪明。如果总把对方当傻瓜，你的危险概率就会大大增加，因为别人的心思不是你能够了解的。大多数人在和对方的博弈中倒了大霉就是因为太聪明。

有两位古董收藏商分头到乡下去寻找古董。第一个商人经过一间小茅屋，走进去问："是否有什么可以卖的东西？"屋里的小女孩对妈妈说："我们屋后不是有一只青花瓷盘吗？拿出来让他看看。"

于是，母亲从一堆杂物中翻出脏兮兮的盘子。商人拿在手里掂了掂后用力刮了一下，发现盘子竟然是宋代的邢州官窑瓷器，他大喜过望。但是，想到这两个乡下女人没有见过什么世面，于是鄙视地说："我当是什么宝贝东西呢！原来是一只没人要的盘子。不过，看到你们母女生活困难的情况，我就算帮你们吧。这个盘子 3 元钱。"

母女俩一听这个价钱，拒绝了商人："我们留着盘子喂狗吧。"于是，商人先去其他地方转了。他想，等会儿母女俩卖不出盘子后再稍微抬高价格。

过了一会儿，第二个商人也沿着这个方向来找同伴，恰好也走到了母女俩住的这间屋子。小女孩见又来了一个收古董的，便让妈妈把那个青花瓷盘再次拿出来。妈妈可不愿再遇难堪的场面，可是，女儿一心想用卖盘子的钱为自己买个漂亮的发卡。于是又拿出了那个笨重的盘子。

没想到第二位商人一看就告诉她们说："这只盘子很有收藏价值。如果你们留着没什么用处，我愿出高价购买，行不行？”

“当然行啦！”母女俩一听迫不及待地说。

等第一位商人再来和母女俩讨价还价时，母女俩把他痛斥一顿。商人急忙逃出来，后来看到同伴手中的盘子时，后悔莫及。

凡是自作聪明的人总是从自己的角度去猜测问题，一厢情愿地希望事情按照自己的主观愿望来发展，结果只能适得其反。

以前中俄边贸红火时，中国人常常把各种杂货都拉过去卖，而俄罗斯人通常是不检查就收了下来。因为他们知道，那些尽管是旧货，但绝对是真货。由于气候寒冷，他们特别喜欢买中国的羽绒服。这时，一些钱迷心窍、自作聪明的生产商认为俄罗斯人不懂行，更不会拆开羽绒服检查，于是在做羽绒服的时候，将稻草和鸡毛都塞了进去。

俄罗斯人当时可能没有检查，但是他们在穿过一段时间洗涤时发现了这个问题，于是马上采取措施，那些羽绒服生产商和经销商的利益明显受到了影响。

在山东也发生过这样的事情。当时山东有一个蕨菜生产基地，专门向日本出口蕨菜。日本人的要求是把蕨菜放在太阳底下晒干了以后，再打包运到日本。但是，自作聪明的村民认为这样做时间太长，他们就把蕨菜拿回家用锅烘烤。这下，大大节约了晒干的时间，村民们可以有更多的时间去挖蕨菜来卖了。他们很为自己的发明很是得意。

烘烤确实比较省时间，而且同样可以达到干燥的效果。但是日本人运回去后却发现，用水泡不开，无法达到速食的目的，于是他们就警告村民千万不要用锅炒，一定要放在太阳底下晒才行。但是，有一部分村民为了自己的利益，仍然将蕨菜偷偷放到锅里炒。

结果，日商发现这个现象后，在一天之内就完全断绝了和这个地区的蕨菜交易。这个地方的信誉也受到很大影响。

从以上两个事例我们可以看出，这些人之所以会在外贸合作中失败，并不是外商故意挑眼拔刺，而是他们把自己想象得太聪明了，总把对方当成傻瓜看待，结果，自己却反而落得了愚蠢的结局。这些人就像酒吧博弈中的人们一样，总是把自己的意志强加于他人身上，试图根据自己以往的经验来判断他人。然而，生活中，他人的心思远远不是自己能够猜测到的。

在酒吧博弈中，尽管许多聪明人都从自己的经验出发来猜测星期天来酒吧的人数，但是，酒吧的真正人数并没有按照他们的猜测结果出现。酒吧博弈给我们的启示是：完全没有必要挖空心思猜测别人，更不能把他们看成傻瓜一般。自作聪明，就无法对博弈成本和收益进行明智的权衡，更不懂得对博弈机会的真正运用。

不可否认，不论在工作还是在生活中，有的人事事要表现得比别人精明能干，在他们看来，别人都是笨蛋，而只有自己最聪明。殊不知，看似精明的人其实成功起来反而会难一些。一般说来，人性都是喜直厚而恶机巧的。如果你处处显示精明，那么，你还未开口，别人已经把你当成了假想敌，处处防备着你，最终，一个机关算尽的人最终会被算到自己身上。俗语说："搬起石头砸自己的脚"，正好是"聪明反被聪明误"的绝好写照。

特别是在职场中，如果和你博弈的是位高权重，直接领导你或者可以影响你的顶头上司，那么，就不要自作聪明，试图猜测领导的心思。在这方面，杨修的教训值得吸取。

虽然，我们现在的时代早已不是那个人性被摧残的时代，但是，如果你的博弈对象是像曹操一样性格多疑的顶头上司，那么，自作聪明地试图猜测上司，并不合适。即便猜对了，他们也不会承认，因为那样，领导就没了面子。

西方有这样一种说法，法兰西人的聪明藏在内，西班牙人的聪明露在外。前者是真聪明，后者则是假聪明。培根认为：不论这两国人是否真的如此，但这两种情况是值得深思的。他指出：生活中有许多人徒然具有一副聪明的外貌，却并没有聪明的实质，是小聪明，大糊涂，冷眼看看这种人怎样机关算尽，办出一件件蠢事，简直是令人好笑。这种假聪明的人为了骗取有才干的虚名，简直比破落子弟设法维持一个阔面子的诡计还多。但是这种人，在任何事业上也是言过其实、不可大用的。因为没有比这种假聪明更误大事的了。

英国 19 世纪政治家查士德博士曾直白地训导他的儿子说："你要比别人聪明，

但不要告诉大家你比他们更聪明。”如此看来，人还是傻一点好，不够傻的话，就装装傻吧。

提起傻子，人们会想到那个扶不起的阿斗刘禅。一天，司马昭设宴款待刘禅和大臣们。当演奏到蜀地乐曲时，群臣流泪，刘禅却嬉笑自若。司马昭借机问：“你思念蜀国吗？”刘禅答：“这个地方很快乐，我不思念蜀国。”

此时，大臣谷正闻言，连忙找个机会对刘禅面授机宜。于是，当司马昭又一次问刘禅时，刘禅回答：“先人坟墓，远在蜀地，我没有一天不想念啊！”司马昭闻听，惊讶地问：“咦，这话怎么像是谷正说的？”刘禅一惊，急忙说道：“对，对，就是谷正教我的。”

虽然，生活中，谁都不希望像刘禅这样傻，但是，智和愚对人的一生的命运的确影响极大。如果没有什么本事的人，只靠耍小聪明行事，最终会聪明反被聪明误。而那些“博傻”、守拙的人，虽然表面上愚拙，其心灵深处则知法明理，他们才是真正的为人周到、处世练达的人。因此，不是真傻的人，有时也不妨“博傻”。这也是一种远远高出世人的处世境界的智慧人生。

有时要适当藏拙，不要太露锋芒

中国有一句成语叫作“锋芒毕露”。锋芒，本指刀剑的锋利。如今人们把它比作人的聪明才干。在适当的场合显露一下自己的“锋芒”也是有必要的，但是不掌握这个度，也会适得其反。

三国时的才子祢衡的杀身之灾，全因他的才气和性情所致。人有才情，本是天赐良物，正好周济人生。祢衡却相反，恃才傲物，因情害事，不知天下大于人才，权柄重于才情，最终冒犯权贵，以身涉险，终被人杀。使个性才情而不得善终。

祢衡虽然已成历史，但是，在现代社会中仍有这样一种人。他们自视颇高，也有一些才华，于是处处锋芒毕露，处事不留余地，待人咄咄逼人。结果，虽然他们有着充沛的精力、很高的热情和一定的才能，但在人生旅途上却屡遭波折。

一位才华横溢，学习经济管理专业的大学生，刚进单位，想充分施展一下自己的才华。于是，经过一个月的工作实践和理论构思，他就给单位领导提交了洋洋万言的意见书，上至单位领导的工作作风与工作方法，下至单位职工的福利，都一一列出了现存的问题与弊端，还提出了周详的改进意见。他本以为自己的这些合理化建议会得到领导的肯定，领导也会发现他的价值，但效果却适得其反。单位领导不仅没有采纳他的意见，某些掌握实权的领导视他为狂妄乃至神经病。

父亲也在这家工厂工作，而且是生产主管。一天晚上，在家中向他咆哮着喊道：“全厂没有人了，就显得你有能耐？你这些问题我们都知道，但解决起来容易吗？你以为动动笔杆子就可以解决问题啊！还让我替你背黑锅。”

可是，这个年轻人的秉性不改，他认为那些人都是老顽固，继续我行我素，对工厂和领导提出批评和建议。结果，两年之内，他因为类似原因，换了四个单位，而且总是后一个比前一个更不如意，他牢骚更甚，意见更多，却也无可奈何。

这真是一个无法调解的矛盾：你不露锋芒，可能永远得不到重任；你太露锋芒，虽容易取得暂时的成功，却容易招小人暗算。当你施展自己的才华时，也就埋伏下了深深的危机。

有些人总以为自己有才能就能赢得重用，顺利走向成功。但是，人们要在社会上生存，就要和他人打交道。就像卡耐基所说：人们之所以成功，75% 是正确处理人际关系的结果。处理人际关系不是要我们八面玲珑，但是也需要考虑他人的感受，适当讲究一些策略和手段。

虽然锋芒是事业成功的基础。但锋芒可以刺伤别人，也会刺伤自己，过分外露自己的才华容易导致自己的失败。无论你采取什么样的方式直接指出别人的错误：或是一个蔑视的眼，或者一种不满的腔调，或是一个不耐烦的手势等等，都等于在告诉对方：你不如我。这无异于否定了对方的判断力，打击了他们的自尊心，还伤害了他的感情。这样做不但不会使对方改变自己的看法，还会引起他们的反击。即使你搬出所有的权威理论和所有的铁定事实也无济于事。

那位大学生是锋芒毕露者的典型，这类人在工作中不能处理好包括上下级关系在内的各种关系，即便在生活中也不会讲究策略与方式，不注意维护他人的面子并且还会处处碰壁。结果不仅妨碍了个人的才能最大限度地发挥，还会招来种种诽谤、妒忌猜疑和排挤打击。最终，自己的才华不但不能引领自己走向成功，却因屡受挫折而一蹶不振。这就是为人处世方面博弈的大忌。

锋芒毕露者在博弈中往往会按捺不住，要处处抢占先机，想显示自己，以为先下手为强。其实并不是明智的做法。在你对对方的手段不了解时，这样做无异于暴露自己。对方通过观察你的选择，同时会做出置你于不利的境地。如果时机不到，锋芒毕露会把自己暴露在战火纷飞的壕沟外，容易招致明攻和暗算。过早将自己的底牌亮出去，往往会在以后的博弈中失败。这样的人就像在山林中最为清秀的树，因为过于标榜自己的与众不同，终会成为众矢之的。

而且锋芒毕露有时会功高盖主。而功高盖主不仅让上司不高兴，会觉得自己的地位受到威胁，而且一有机会，他会把你踹下去。因为人往往同患难易而共荣华难。君不见，在中国历史上，打江山时，都是各路豪杰汇聚在一个麾下，各个锋芒毕露，一个比一个有本事。主子当然需要这批人杰。但天下已定，这些虎将功臣不会江郎才尽，总让皇帝感到威胁。所以屡屡有开国初期斩杀功臣之事，所谓“飞鸟尽，良弓藏；狡兔死，走狗烹”。韩信被杀，明太祖火烧庆功楼，无不如此。

某机关的局长是个很平庸的人。他手下的一位处长很有工作能力。但他不知谦虚，倚仗着局长在工作上器重他，时常在局长面前卖弄自己的才华。后来，有小道消息说，上级要提拔他当局长。结果，没多久，局长放出话来，说他的作品里有不少性描写，心理不健康，有损于机关干部的形象。结果一直升职无望。最后，这位处长得了抑郁症。

这位处长之所以在和上司的博弈中失败就是因为不懂得藏锋，没有估算这种博弈的得失。

由此可见，博弈也需要进行一定的成本估算，特别是和了解自己内情或者能控制自己的人博弈时，如果先出手，得大于失，可以先出手；如果你的生存权控制在对方手中，不明白对方的出手谋略时，最好先试探，否则只能是失大于得，这种博弈的成本就太高了。

明智的做法是，若不想让对方赢，就要想办法不把自己的心思表露在外，特别是羽翼未丰满时，更不可四处张扬。《易经》乾卦中的“潜龙在渊”，就是指君子应待时而动，要善于保全自己，不可轻举妄动，不能让自己光芒四射的才华杀伤他人，特别是不能让身边的人成为你的绊脚石。

很多聪明人在成功时急流勇退，在辉煌时反而表现得平淡，就是表示自己不想再露锋芒，免得从高处摔下来。实际上，这不是最好的办法，真正的高招是虽位居显位，但依然把自己藏得好好的。因此，要给自己留一点退路和余地，平时应把自己的锋芒插在刀鞘里。

生活中往往会出现这样的情形，某人在你的面前显得畏畏缩缩，不敢高言大声，因为他的地位或是学识没有你高；某人在交往中对你低声下气，因为他有求于你。在这种情况下，你应该更注意言谈举止，切忌透露出咄咄逼人之气。

有人认为，不露锋芒就会埋没自己的才能和才华。其实不然，不露锋芒者有一种实至而名归的特色。藏锋并不是永远收藏，只要一有表现本领的机会，你还是要充分把握，表现出过人的成绩来。

锋芒就好像是你额上生角。如果你自己不磨平，别人必将用力折断你的角。因此，什么时候都不要把自己包装成一个专业得不能再专业的精英。社会上，那些很有才华的人，他们都有一个共同的特点，那就是毫无棱角。这不是他们不够聪明，恰恰相反，这是他们懂得藏锋是对自己有好处的。

在南极大陆上，企鹅是令人喜爱的"绅士"。它们身穿燕尾服、一步三摇。可就是这些"绅士"们也会互相争吵、打闹。它们大多是为一块鹅卵石而开战。

因为企鹅要在极恶劣的气候条件下进行繁殖，需要足够的鹅卵石抵御风寒。所以，为了争得宝贵的鹅卵石，它们经常站在雪白的海滩上呐喊厮杀。当更多的企鹅也加入进来时，整个海滩便成了喊杀声震天响的大战场。

尽管它们乱成一锅粥，如果看到了一只低头走路的企鹅，谁也不会伤害它，反而会自动地为它让开一条路。因为这只企鹅急着回家照顾小企鹅，是只顾急匆匆低头走路的。

这只低头走路的企鹅告诉我们，要学会低调。低调就没有人注意你，也不会伤害你。

当然，屈是为了伸，藏心是为了蓄志。在生活中，在恰当的场合显露锋芒是十分必要的。真正聪明的人，会懂得锋芒该藏则藏，该露则露。他们往往不鸣则已，一鸣惊人。这才是博弈最好的结果。

置身事外也是一种智慧

社会是复杂的。不论在生活中，还是职场中，人们在争取和保全利益的过程中，必然要发生一些矛盾和冲突。某个人的利益不可避免地会受到这样那样的威胁。在威胁面前，人们的主观愿望肯定是保全所有的利益不受损失。然而，当客观情况不允许人们做到这一点时，特别是当你收到来自比你强大的两股势力的攻击时，你该怎么办？枪手博弈就是弱者生存的智慧。

枪手博弈又称为多方博弈。大意是甲、乙、丙三个枪手都对彼此怀恨在心，于是决定持枪决斗，生死交由天注定。其中甲的枪法最好，乙的枪法稍次于甲，丙的枪法则是三人中最差的。这场看似不公平的决斗就开始了。

关于决斗方式，可以选择同时开枪或者逐个开枪？如果规定逐个开枪，经过概率推论：

当甲同时向乙、丙开枪时，他的存活概率为 24%；

当乙同时向甲、丙开枪时，他的存活概率为 20%；

当甲、乙同时向丙开枪时，他的存活概率只能是 8%，因为他的枪法最差劲。

如果同时开枪，很明显，枪法最差的丙还会最先毙命。

从以上分析看，丙在这场决斗中是最失意者，存活率也是最低的。然而人都是自私的，每个人都有自己求生求胜的策略。丙当然不会坐以待毙，因此，他提出二人同时开枪，并且每人只配一发子弹。那么，一轮枪战后，谁活下来的概率最大，经详细分析，得出的结论竟然是丙。

这是为什么？

对于枪手甲来说，乙对甲的威胁要比丙对甲的威胁更大，因此，甲一定会对枪手乙先开枪。

同样的道理，枪手乙的最佳策略是第一枪瞄准甲。只要将甲干掉，对付丙自然是小菜一碟。

那么，甲和乙两虎相斗必有一伤，或者两死，或者一死一伤，或者两伤。不论怎样，相持对决时，甲和乙都会有所伤亡。那么，丙就可以不战而胜，坐收渔翁之利。

假如将对决规则改为轮流开枪，而且每个人只能有一发子弹。先假定开枪的顺序是甲、乙、丙。即使乙躲过甲的第一枪，轮到乙开枪，乙还是会瞄准枪法最好的甲开枪，即使乙这一枪干掉了甲，下一轮仍然是轮到丙开枪。所以，无论是甲或者乙谁先开枪，丙都有在下一轮先开枪的优势。

对丙来说，如果轮到他先开枪应该对准幸存下来的谁呢？此时，丙的选择是向天空放一枪，不要伤到任何一个人。

为什么呢？因为丙枪法最糟糕，如果打不中甲或乙，自己的生命肯定会受到威胁。他们射击的成功概率远远高于自己。因此，丙的最佳策略是胡乱开一枪，只要不击中甲或者乙，在下一轮射击中他就处于有利的形势，他就总是有利可图的。

综上所述，一轮对决之后，甲被乙、丙同时开枪的概率最大，而甲还能活下来的机会少得可怜（将近 10%），乙是 20%，丙是 100%。通过概率分析，你会发现丙很可能在这一轮就成为胜利者。

枪手博弈告诉了人们——弱者立于强者之中应怎样开枪才能使自己活下来的机会大一些。

博弈的结果是：甲会选择对乙开枪，而乙和丙都会选择对甲开枪。因为他们都必须先杀死对自己威胁最大的对手才有可能存活下来，并且在下一轮对决中占优势。

在多人博弈中，常常会出现一些令人意想不到的事情，并造成出人意料的结局。它不取决于同时开枪还是先后开枪，而取决于谁是最危险的分子。

在多方博弈中，其实最容易遭到打击的是强者之敌，因为他是最危险的人物。因此，其他人的枪口都会对准了他。这样，最优良的枪手，倒下的概率将最高。而最蹩脚的枪手，存活的希望却最大。因为没有人会把威胁最小的枪手列为自己最强的对手。因此，他也是最为安全的。

枪手博弈就是弱者在与强者的博弈中智慧的显示。生活中，弱者欲在群强中取胜，需以枪手博弈论为战略。如果不懂得使用策略，一味蛮干，与人争强好胜很可能最终会伤害自己。所以，遇到事情的时候，我们一定要看清楚自己的立场，看清自己和对手之间的差距，找到自己的生存之道。

“向天空放一枪”也是一种置身事外的态度。很多时候，我们斗不过别人，唯有采用一种旁观者的角度来处事。置身事外是博弈的一种高手段，他的目标是在混乱的时候保护自己。当一场冲突很严重的时候不是打倒对方而是保护好自己才是最重要的，并且在这个时候找到有利于自己的位置。

学会置身事外是一种智慧，当你学会了这样的处世哲学之后，你看待事物的角度就上升到了一个更高的层次。当你与世无争的时候说不定你所向往的利益正在向你走来。善用此方法的人，在生活、工作中都会游刃有余，使自己立于不败之地，为自己博得最大的利益。

同流但一定不能合污

同流合污一向是贬义词，如果你告诉人们，为人处世的时候要多“同流”少“合污”，人们一定大惑不解，甚至会引起非议。但是，多“同流”少“合污”的意思是指：做人必须合群，入乡随俗。如果与世不合，违背人际规律办事，无异于背道而驰，即使付出的努力再多，也是劳而无功，徒自枉费心机罢了。

海瑞可谓历史上的大清官。他一生都在与万人之上的皇帝博弈，与同僚博弈。表面上看，同僚为之侧目，连皇帝也让他三分，对他无可奈何，但事实上四面树敌。特别是当他提出“重典治吏”时，无异于将自己放在了与全体同僚博弈的对立面，导致了群起而攻之的结局。皇帝也趁机把他当作向吏治腐败开战的挑战者，让他一人赤膊上阵。可想而知，海瑞在这样的局面下肯定被打击得伤痕累累。

虽然，海瑞的政治理想和抱负无法实现和那个政治体制不健全的封建社会有关。但是，海瑞的人生悲剧给我们的启示是：当你要实现自己独特的主张时，不妨从众人的角度去考虑一下他们怎样才能接受，变换一下行事的方法，达到说服众人的目的。这也是一种同流和从众。

社会有时是一片是非之地，人际关系微妙、复杂，许多未知因素不可低估。试想，你率性潇洒，不顾他人的感受，对社会大众来说，无疑会引起“众怒”。即便你的亲人、朋友能宽容你，他人能宽容你吗？

再者，如果遇到那些拿枪使刀的人、耍弄权谋的人、心怀叵测的人，你富有个性，无异于把自己暴露在他人的十面埋伏之中，这是一种十分愚蠢的行为。因此，还是让自己的行为规范符合大众的行为为好。

这个故事你可能听说过。古代，有哥俩要去异国做生意。但是，这个国家是个“裸人国”，无论男女老少都不穿衣服。

哥哥见状说：“这儿的人简直没有羞耻之心，竟然连衣服都不穿，我看不惯。我可不能光着身子与他们往来！”

弟弟却说：“要想在这儿做好买卖，实在不容易。可俗话说，‘入乡随俗’。只要我们照着他们的风俗习惯办事，想必不会有什么问题。”但是，哥哥绝对不答应。于是，哥哥离开了，弟弟先进入裸人国。当然，没有几年，弟弟的生意就由小而大发展起来。原来他做的正是服装生意。他从一双鞋开始，逐渐过渡到服装。裸人国的人从来没见过穿衣服的人。看到弟弟的模特都穿着衣服，很好奇，也开始模仿。就这样，弟弟既做成了生意有不知不觉改变了人们的风俗习惯。而哥哥呢？拂袖而去后因为到处都会遇到看不惯的人和事，始终也找不到合适的合伙人，最终没有做成一笔生意。

也许你过去一直习惯生活在自己的世界里，但当你突然需要和一些陌生的人共事的时候，你将面临一个艰难的选择：是保持自己的个性，还是抹杀个性，与他们“同流”？你可能会觉得庸俗、无聊甚至低人一等。如不“同流”，你会渐渐发现自己的工作越来越困难，虽然自己谁也没得罪，可一些负面评价老是陪伴你左右。

我们都有这样的经验，如果一个人在服饰、言行等方面独树一帜，不能与集体中大多数人的方向和水平保持一致，就很容易引起人们的“另眼相看”，并被打入另类的花名册。如果你坚持自己的清高独立，不和同事做朋友，不和同事说知心话，不和同事分享秘密，每天例行公事后，就埋头看书，那么，与同事的关系就会越来越疏远。虽然在工作中倡导创新、标新立异，但是，在人际关系中，凡事不一定都要以自我为中心，处处显示自己的与众不同，可以随大流，混沌生存。

人毕竟不能都去过独居的生活，既然要成为社会人，就要学会与人共事的技巧。特别是对于职场新人来说，要想进军职场，必先悟透职场法则。那就是：如果处理不好与同事的关系，就有可能在工作中遇到来自于他们的方方面面的刁难，这会使你感到孤立和无助。因此，不管你情愿不情愿，你必须与自己办公室的那些小圈子里的人“同流”，不能对非圈子里的同事采取排斥态度。即使看不惯同事之间的小圈子，你也得习惯与小圈子里的人打交道。这种“同流”就是一种适应，对新环境的适应，对新同事的适应，对新邻居、新朋友的一种适应。只有这样才能在职场博弈中取胜。

但是，随大流也不是没有原则的，特别是在大是大非面前，如果大多数人坚持的是违背原则的，那么就坚决不能“合污”。

受人尊敬的大学问家伏尔泰曾经参加过一个为人不齿的团伙的狂欢。朋友得知后很不理解。可是，伏尔泰为自己找了一个很有说服力的理由，那就是调查社会底层人的生活情况和心理意识。可第二天晚上，这个团伙的人又邀请他参加。“噢，伙计，”伏尔泰神秘地说：“去一次，不失为一个哲学家；去两次，就跟你们同流合污啦。”说白了，在那些无关紧要的事情上，多“同流”是没有坏处的。可一旦“同流”可能引起大是大非问题，那你就要划清界限。

俗话说：“近朱者赤，近墨者黑”。比如，你身边的一群人是自私自利的，整天想着怎样少干点，多挣点，甚至不惜利用自己的权利以权谋私，并且也试图把你拉下水，那你最好远离他们。因为“同流”是有前提的，那就是不影响集体利益，不毁损个人形象。

从根本上说，在社会上行走，要收敛个性，适应他人，适应社会。别人都站着的时候，你不要一个人坐着。在与同事、与身边的相处时，多“同流”少“合污”也是保护自己，这是取得大多数人支持的博弈法宝。

当然，你不用富有心机、满腹城府地去为人处世，也不用失去很多性情上的乐事和人生的潇洒，毕竟，大多数人追求和适应的行为规范就是社会认可的。在普遍性中你仍然可以找到自己的乐趣。

为人处事，切勿太较真

在生活中，有些人特别是那些做事认真的人总是感到他人难以满足自己的愿望，特别是在家庭生活中，总是找不到自己的幸福感。其实，这些人没有幸福感就是因为对鸡毛蒜皮的小事过于较真了，总要处处显示自己的正确无误。这样，就会让对方有一种下不来台的感觉，伤害对方的自尊心，也伤害双方感情，相处自然会很尴尬。

有位年轻的小伙子是一家企业的领导。一天晚上，他到岳父家吃晚饭。当时，新闻联播正在播放穿过本市西部山区的一条高速公路正被改道施工的消息。岳父一听就高兴地说道："那条高速公路本来就不该建的，建了会破坏一个具有重要历史意义的景点。想当年，我们在那里流血打仗，现在让人们去参观一下，受教育也是应该的啊！"

年轻人一听就放下了筷子，喊道："真是岂有此理！这么大的工程说改道就改道。"他没看岳父的眼神，自顾自地说道："不改道利大于弊啊！那么多山货产品都可以快速运出来啊！"

他那位泰山大人听罢也放下筷子，指责他太片面，完全不在乎保护古迹意义的重大。

年轻人对岳父说："你对那里的感情我们可以理解，但是如果不改道，那里的人们在工业的带动下可以早点脱贫致富啊！您革命了一辈子，懂得穷人盼翻身的心情啊！"

"这是我的家，用得着你教训我吗？"岳父勃然大怒，拂袖而去。此后多年，年轻人都不敢去登岳父的家门。

对芸芸众生来说，由于性情爱好、为人处世的方式不同，生活中难免会有磕磕绊绊，矛盾纷争。此时，如果不论大事小事，处处较真，势必伤害感情，使矛盾激化，为此分道扬镳。

据网上一则消息报道：有一位妇女平时就爱认死理，偏偏丈夫也是一头犟牛。于是，吵嘴抬杠是免不了的事情，常常说不上几句话就会爆发家庭战争。事后，双方都心灰意冷，感觉生活索然无味，而且当着孩子的面也很伤自尊心。这次，这位妇女在因家庭问题与丈夫吵嘴后，给儿女写下遗书，反锁房门并打开液化气罐，欲点火自焚。幸亏邻居报警，消防武警及时赶到，才避免了一场恶性事件的发生。

其实，他们吵架的起因很简单，都是一些在别人看来不值得争吵的事情。但是，他们非要分出个黑白分明。最终，谁也说服不了谁。

如果说生活中的鸡毛蒜皮小事不值得较真的话，那么，对于感情伤害这样的事情，许多人是难以放下的。他们的心里时常是和过去在较真，因此总是生活在回忆中，而忽略了享受现在生活的美好，这样的人也是不理智、不明智的人。

有一对小两口，成天吵架。他们吵架的根由就是女的以为男的对不起她。原来对方此前有一个女伴侣。因此女的心理就无法平衡。感觉自己吃了亏。所以每次她都会说这么一句，“某某，你对不起我”。后来，吵架越加惨烈，男的开始嚎叫：“我真是瞎眼了，大街上随便摸一个都比你强。你再吵，我就把你杀了！”这下，老婆的悲伤胜过被强暴，愤而离家出走。她一走，家便不成个家了，丈夫又悔怨起来。

其实，任何事情都有它的模糊地带，婚姻也不例外。在人生的博弈中，特别是家庭之间的博弈，眼睛里要容得下沙子，这是一种混沌生存、糊涂处世的智慧。即便是对方曾经做过对不起你的事情，但都已是昨天的事情，只要他现在对你好足矣。假如总是对昨天较真，因此而大动肝火，枪对枪、刀对刀地干起来，再酿出个什么严重后果来，那就太划不来了。这种较真就是对幸福严重的伤害。

俗话说，夫妻之间无长短，和谐就是硬事理。即便是吵架后，谁肯先赔礼道歉、认输、认错，先主动言和的，谁就比较明智。夫妻间需要互相欣赏和爱护，不要着意想把对方雕刻成自己心目中理想的形象。如果每个人都懂得爱的艺术，大力发觉老婆（老公）的潜力，彼此之间的争执也就极少发生了，和谐的家庭也就会越来越多了。

不但在家庭生活中，就是在为人处世中，凡事也不必太较真。

有些人不论在生活还是在工作中，就是认理不认人，生活态度极端认真，生活作风过于谨慎。他们不但严以律己而且还经常自觉不自觉按照自己的标准去衡量别人要求别人，以为自己能做到，别人也应该能做到，结果不仅大大得罪人，也完全不切实际。

其实，人跟人不一样，由于家庭背景、社会关系、知识结构、所处环境各异，造成了千差万别的行为习惯和思想观念。如果不是违法违规，有损人格，都是可行的。为什么不能大度一些，宽容一些呢？否则你只会好心没好报、好心做错事。

我们知道，孔子治学严谨，授业解惑，为人师表，比芸芸众生聪明多多了。但是，他在一个愚昧无知的人面前却知道，有时为了不饿肚子，为了生存，不妨“直八”一回。

一次，孔子和学生颜回在游学途中饥肠辘辘，于是吩咐学生去餐馆讨点吃的。餐馆老板听说来意后，说：“我写一个字，你若能认出，白送你和师傅吃的；认不出，免谈。”于是老板以指沾水在桌子上写了一“真”字，颜回不假思索回答：“认真的真字”。结果，颜回被老板扫地出门。

孔子听后，亲自出马，对着餐馆老板的“真”字，竟然令人不解地回答：“直八”。结果，餐馆老板大喜，好菜款待师徒。

当然，颜回对老师的这些作为很不解，但是，孔子解释说：“有时候，有些事情不必太较真。”

那些太较真的人有一个明显的缺陷就是处处追求自己理想中的十全十美。因此，对生活中的一切都会横挑鼻子竖挑眼。其实，世界上从来就没有十全十美的事情。即便是那些肉眼看着很干净的东西，拿到显微镜下，满目都是细菌。在社会上行走，如果我们“戴”着放大镜、显微镜去看别人的毛病，恐怕许多人都会被看成罪不可恕、无可救药的了，对谁的缺陷都容不下。这样，最终会把自己同社会隔绝开。

做人固然不能玩世不恭，游戏人生，但也不能太较真，认死理，太认真了。如果事事洞察，时时明察，活得也太累人了。因此，对于那些无伤大雅的事情可以世故圆滑一回。有时，眼中可以揉沙子就是一种随方就圆、游刃有余的人生智慧。

人生在世，应有崇高的理想和宽广的胸怀，待人待物应不拘小节。于狭窄处，退一步，得一生宽境；遇崎岖时，让三分，开一生坦途。多一些宽容，就会多一些和谐，多一些友谊。拥有大庸大俗的豪放与粗犷，方能行效君子之美行。于是，智者抽身来、抽身去，出世、入世，均通达无碍了。